科技前沿探秘丛书

图解
功能纺织品

TUJIE
GONGNENG
FANGZHIPIN

黄美林　钱幺　谢娟　夏继平　编著

化学工业出版社

·北京·

内 容 简 介

纺织品大家都不会陌生，而"神奇"的功能纺织品可以实现哪些功能？为什么可以实现这些功能呢？

本书介绍了功能纺织品的概念、分类、标识以及制备技术，通过实例形式介绍了舒适和易用的功能纺织品、安全防护功能纺织品、保健功能纺织品等的结构与功能的关系。

本书适宜一般的科技爱好者阅读。

图书在版编目（CIP）数据

图解功能纺织品 / 黄美林等编著．—北京：化学工业出版社，2023.10
（科技前沿探秘丛书）
ISBN 978-7-122-43770-9

Ⅰ．①图…　Ⅱ．①黄…　Ⅲ．①功能性纺织品-图解　Ⅳ．①TS1-64

中国国家版本馆CIP数据核字（2023）第125002号

责任编辑：邢　涛　　　　　　　　　文字编辑：张　宇　陈小滔
责任校对：李　爽　　　　　　　　　装帧设计：韩　飞

出版发行：化学工业出版社（北京市东城区青年湖南街13号　邮政编码100011）
印　　刷：北京云浩印刷有限责任公司
装　　订：三河市振勇印装有限公司
880mm×1230mm　1/32　印张6½　字数198千字　2023年11月北京第1版第1次印刷

购书咨询：010-64518888　　　　　　售后服务：010-64518899
网　　址：http://www.cip.com.cn
凡购买本书，如有缺损质量问题，本社销售中心负责调换。

定　　价：69.80元

前　言

纺织品是人们日常使用的物品，包括了各种天然纤维和化学纤维、纱线、织物、服装等物品。人体穿着的服装，除了为人们提供遮体、保暖、装饰等基本的服用功能外，还可具有医疗、保健、防护等其他更具体、更有针对性或更特殊的功能。功能纺织品就是泛指具有特定功能特性的纺织品，能够根据其功能应用到相关的领域或具有特定的用途，包括服用、装饰用和产业用功能性纺织品。随着纺织技术的日新月异、经济的发展和社会大众对功能纺织品的需求越来越多，纺织品的功能创新化、多功能化和智能化成为纺织技术发展的主要方向。

本书主要介绍各种功能性纺织品的基本定义、分类、生产方法、评价标准与检测以及应用等内容。全书共分6章，第1章介绍纺织和纺织品的概念及各种纺织品的分类，功能纺织品的概念、分类、标识以及制备方法；第2章介绍舒适和易用功能纺织品；第3章介绍安全防护功能纺织品；第4章介绍保健功能纺织品；第5章介绍产业用功能纺织品；第6章介绍功能纺织品的发展趋势。

本书采用图文并茂的方式为读者介绍相关内容，兼具科学严谨性与易读性，是一本高级科普著作。本书可作为纺织材料、纺纱、织造、染整、服装等行业相关从业人员、技术人员、大专院校师生等的专业读物，也可作为普通大众的科普读物。

本书由五邑大学纺织材料与工程学院的黄美林、钱幺和谢娟，以及石狮市瑞鹰纺织科技有限公司的夏继平共同编著。其中，第1章由黄美林编写，第2章由黄美林和谢娟编写，第3章由谢娟编写，第4章由钱幺编写，第5章、第6章由黄美林和夏继平编写。编著者具有丰富的纺织工程专业教育、科研和实践经验，包括有关功能纺织品的相关生产、制备经验。编著过程中，得到了许多老师和学生的帮助，特别是李峥嵘教授级高级工程师、巫莹柱副教授、王俊华博士等几位老师给予了许多有益建议和意见，本科生谢庭轩、卢张健、杨东兰、黄海丽、刘易琳、黄倩莹、谭佳兆、钟晓慧、余学锐、卢欣、陈咏嫦、黎涛、林奕敏、林诗琴、林桂纯、李佩仪、张钰婷等做了大量的文字录入、图片绘画与编辑等工作，感谢所有编著者和参与者的支持与合作。

因编著者学术水平与知识面有限，书中存在的不足之处，恳请广大读者批评指正。

编著者

目　　录

第 1 章　概述

第 2 章　舒适与易用功能纺织品

第3章　安全防护功能纺织品

第4章 保健功能纺织品

第5章 产业用功能纺织品

第6章 功能纺织品的发展趋势

第 1 章

概述

纺织是使用棉、毛、丝、麻等天然纤维或涤纶、锦纶、维纶、腈纶、丙纶等化学纤维，经过纺纱、织造、染色和后整理等生产工序形成布匹、面料、衣片甚至袜子、手套等纺织品的生产工艺过程。纤维形成纱线的过程为**纺纱**。针对纤维原材料的不同，纺纱又细分为棉纺、毛纺、麻纺和绢纺等。而化学纤维的制造有别于纺纱，一般独立出来，归为纤维制造业。纱线经过**机织**（或称梭织）、**针织和非织造**等过程形成布匹的工序叫**织造**。此时的布匹一般为半成品（也叫坯布或毛坯布），一般不直接用于制作服装，还需要经过染色和后整理（简称染整）过程。**染整**是将半成品的坯布进行染色和后整理，形成成品布（或叫光坯布）的过程。

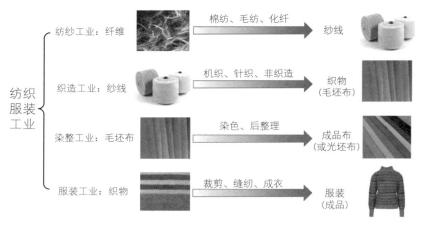

纺织服装工业
纺纱工业：纤维 ——棉纺、毛纺、化纤—→ 纱线
织造工业：纱线 ——机织、针织、非织造—→ 织物（毛坯布）
染整工业：毛坯布 ——染色、后整理—→ 成品布（或光坯布）
服装工业：织物 ——裁剪、缝纫、成衣—→ 服装（成品）

图1-1 纺织服装工业下的细分行业

狭义上的纺织仅包括纺纱和织造，广义上的大纺织包括纤维制造、纺纱、织造、染整和服装，一般统称为**纺织服装工业**（图1-1）。其中，服装包括服装成衣，还有鞋、帽等穿戴附件部分。

与高分子纤维有关的材料经纺织加工而成的半成品或成品，均统称为**纺织品**。需要注意的是，纺织品除一部分应用于服装和家纺之外，还有很大一部分应用于航空航天、汽车制造、建筑、农业、医疗卫生、保健等行业，称之为**产业用纺织品**，而且随着经济社会的发展占比越来越大。从生产工序或流程的先后顺序来分，纺织品包括常见的**纤维、纱线、**

织物（或布匹、面料、布料）和**服装**，以及各种产业用纺织品。整个纺织服装生产全流程如图 1-2 所示。

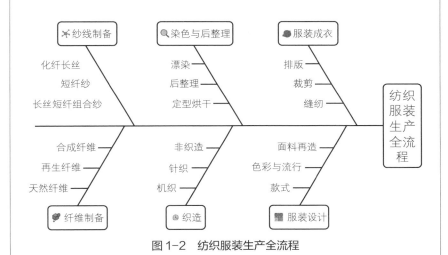

图 1-2　纺织服装生产全流程

　　随着人们生活水平的提高、科技的发展、居住环境的日益改善以及人们对高质量生活的追求，人们对纺织品的需求从服装用纺织品已逐渐扩展到人们生活的各个角落，已从一般的遮体、保暖和装饰的简单要求发展到更多的功能性要求，于是出现了功能纺织品。**功能纺织品**泛指具有特定功能特性的纺织品，能够应用到民用（服装、家居装饰等）、医疗卫生、保健、防护等各产业领域。为理解方便，后续介绍的功能纺织品以织物（面料或布料）或服装成品为主。

1.1　各种常规纺织品

1.1.1　纤维

1.1.1.1　纤维的分类

　　一般而言，长度比细度大许多倍（甚至 1000 倍以上），并具有一定强度、可挠曲性的柔软细长体物质称为纤维。纤维直径可细到微米甚至纳米尺度，通常将可以生产纺织制品的纤维状原料称为纺织纤维。从原料的获得途径来说，纤维可分为**天然纤维**和**化学纤维**（图1-3）。

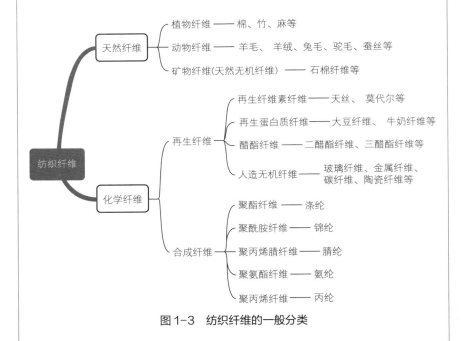

图1-3　纺织纤维的一般分类

天然纤维是自然界存在的，从种植的植物、饲养的动物或岩矿中获取的，因此可分为**植物纤维**、**动物纤维**和**矿物纤维**。图1-4为常见的天然纤维中的棉纤维、绵羊毛、桑蚕丝和麻纤维。**化学纤维**（简称化纤）是以天然的或合成的高聚物以及无机物为原料，经过人工加工制成的纤维状物体，也叫人造（人工）纤维。根据聚合物的来源不同，化纤可以细分为**再生纤维**、**合成纤维**。

20世纪60年代，化学纤维的出现极大地丰富了纺织品的种类，赋予纺织品更多的功能和更高的性能，也促进了功能纺织品的生产、开发及应用。表1-1为常见纤维及其主要特征，表1-2为常见化学纤维的明显特征。

图 1-4　常见的天然纤维

表 1-1　常见纤维及其主要特征

常见纤维	主要特征
棉纤维	细而柔软，短纤维，长短不一
麻	粗硬，手感硬爽，淡黄色，很难区分出单根纤维
毛	比棉纤维粗且长，长度在 60 ～ 120mm，手感丰满、富有弹性，纤维卷曲，呈乳白色
蚕丝	长而均匀的长纤维，纤细，手感柔软，光泽柔和，有丝鸣感，色呈极淡黄色，一粒茧的丝长为 600 ～ 1200mm
有光人造丝（黏胶纤维）	白色，有刺眼的光泽，手感柔软，但不及蚕丝清爽，有丝鸣感，湿强度大大低于干强度
涤纶	爽而挺，强度大，弹性较好，不易变形
锦纶	有蜡光，强度大，弹性好，较涤纶易变形

表1-2 常见化学纤维的明显特征

名称	最大特点	其他特点
聚酯纤维（涤纶）	**最结实，强度高**。涤纶的干态和湿态的强度基本不变；其强度比棉纤维高1倍，比羊毛纤维高3倍；耐冲击强度比锦纶高4倍，比黏胶纤维高20倍	涤纶织物挺括、不易褶皱、滑爽；强度好，耐磨；吸湿差、透气差，穿着不舒适，但易洗快干；不虫蛀、不霉烂、易储存，但易吸灰尘，易起毛、起球；可与天然纤维、再生纤维进行混纺
聚酰胺纤维（锦纶/尼龙）	**最耐磨**。其耐磨性在常见纤维中最高，约为棉纤维的10倍，羊毛纤维的20倍、干态黏胶纤维的10倍	锦纶织物经磨耐用、外观挺括、保形性好；具有弹性、蓬松，类似羊毛织物；吸湿性、舒适性、耐热性、耐光性较差，可通过混纺改善
聚丙烯腈纤维（腈纶）	**最耐晒**。耐光性能高于其他纺织纤维，室外曝晒一年，强度只下降20%；其弹性、蓬松度和保暖性类似羊毛纤维	纤维蓬松卷曲，柔软保暖，富有弹性，又称"合成羊毛"或"人造羊毛"。腈纶织物保暖性高于羊毛织物，有良好的染色性；色彩鲜艳；但吸湿性较差，穿着闷气；重量较轻，仅次于丙纶
聚氨酯纤维（氨纶）	**最有弹性**。氨纶的弹性伸长率为500%～800%，弹性恢复性也很好；占比2%的氨纶包芯纱织物的弹性伸长率可达20%～30%	含氨纶的织物弹性好、适体、舒适美观。氨纶耐酸、耐碱、耐磨，但吸湿性差
聚丙烯纤维（丙纶）	**重量最轻，最不吸水**。丙纶相对密度为0.91，只有棉纤维的3/5，是常见化学纤维中最轻的纤维。丙纶几乎不吸湿，其在大气中的回潮率接近0	丙纶生产工艺简单，产品价格相对低廉。虽然吸湿性很差，但丙纶织物可以像其他纤维织物一样具有芯吸作用，能通过织物中（或纤维之间）的毛细现象传递水蒸气或液态水
聚氯乙烯纤维（氯纶）	**最怕热**。氯纶在70℃左右开始软化收缩，在沸水中收缩率可达50%，是最怕热的纺织纤维	虽怕热，但难燃，氯纶离开明火，很快会自然熄灭，是最难燃烧的纺织纤维

1.1.1.2 化学纤维的生产方法

化学纤维的生产过程是将聚合物加热熔融或溶解在溶剂中，用纺丝泵（或称计量泵）连续、定量且均匀地将聚合物黏流体从喷丝头或喷丝板的细孔中挤出形成流体态，再在空气、水或凝固溶液中固化成丝条状的纤维，此过程又称**纺丝**。常见的纺丝方法包括**熔融（熔体）纺丝法**和**溶液纺丝法**。

熔融纺丝法，简称熔纺，是将聚合物（通常是切片或母粒）加热熔融，通过喷丝孔挤出，在空气中冷却固化形成纤维的纺丝方法（图1-5）。常见的聚酯纤维（涤纶）、聚酰胺纤维（锦纶）和聚丙烯纤维（丙纶）都可采用熔融纺丝法生产。

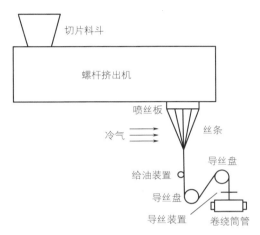

图1-5 熔融（熔体）纺丝法制备化学纤维示意图

溶液纺丝法，是将成纤高聚物溶解在某种溶剂中，制备成具有适宜浓度的纺丝溶液，再从微细的小孔吐出（或挤出）进入凝固溶液或热气体中，高聚物析出成固体丝条，经拉伸、定型、洗涤、干燥得到成品纤维。溶液纺丝比熔体纺丝复杂。对于一些尚未熔融便开始分解的高聚物，只能选择此种纺丝方法。根据凝固方式的不同，溶液纺丝又分为**湿法纺丝**、**干法纺丝**、**干湿法纺丝**。

湿法纺丝是聚合物纺丝液喷出后在凝固溶液中冷却和凝固（图1-6）。如聚丙烯腈纤维和聚乙烯醇纤维等合成纤维，黏胶纤维及铜氨纤维等再生纤维就是通过湿法纺丝得到的。

干法纺丝是采用沸点较低、溶解性好的溶剂，将含有溶剂的纺丝液喷入热的气体中，使溶剂挥发，高聚物丝条便凝固成纤维。腈纶、氨纶、氯纶以及维纶等采用干法纺丝工艺。

干湿法纺丝又称干喷湿纺法，它将湿法纺丝与干法纺丝的特点相结合，特别适用于液晶高聚物的成型加工，因此也常称为**液晶纺丝**或**凝胶**

纺丝。干湿法纺丝常用于制备聚丙烯腈纤维、聚乳酸纤维、壳聚糖纤维、二丁酰甲壳素纤维、聚氯乙烯纤维、芳香族聚酰胺纤维、聚苯并咪唑纤维等，其制成的纤维具有优良的力学性能。

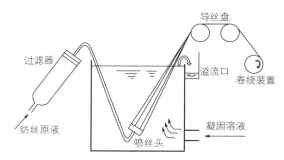

图1-6　溶液纺丝法（其中的卧式湿法纺丝）制备化学纤维示意图

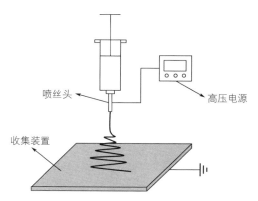

图1-7　静电纺丝制备纤维的示意图

其他非常规纺丝方法，还有**静电纺丝**、**乳液纺丝**等。**静电纺丝**是利用高压电场使聚合物溶液带电，带电的聚合物溶液在电场力作用下沿毛细管运动，聚集在喷丝口处形成液滴；当电场力足够大时，聚合物液滴表面分子克服表面张力形成喷射流，高分子细流在喷射过程中挥发掉溶剂后，落在接收装置上，形成纳米纤维（图1-7）。静电纺丝常用于制备纳米纤维材料，这些纳米纤维具有一维超长结构，拥有高比表面积和孔隙率以及高长径比；在宏观上呈现纤维网毡结构，具有一定的柔韧性能，有助于构建具有高分散性、大比表面积的三维开放微纳结构材料体系。纳米纤维材料在新能源及环境保护、电子和光学纳米器件、生物医药、化学生物传感器件等多方面有巨大的应用潜力。因此，静电纺丝在制备纳米纤维材料方面得到了广泛应用。

乳液纺丝从原理上说是湿法纺丝的一种，但适用于熔点高于分解温度，且没有合适溶剂制得纺丝溶液或熔体的聚合物。其过程是将粉状聚合物分散于某种成纤载体中，制成乳液，进行湿法纺丝，经高温除掉载体后，高熔点聚合物粒子被烧结或熔融而连续化形成纤维。

化学纤维的生产，多数采用熔体纺丝法，其次为湿法纺丝，少量采用干法纺丝或其他非常规纺丝方法。纺丝是化学纤维生产过程中的关键工序，通过改变纺丝的工艺条件，可大幅度调节纤维的结构，进而提高所制纤维的力学性能及化学性能。例如，采用物理方法改性可获得异形截面纤维、改性纤维和多组分复合纤维等；采用化学方法改性可获得接枝纤维、共聚纤维和化学变性纤维等。

1.1.2 纱线

纱线是由纺织纤维制成，具有一定力学性能、线密度和柔软性，以及适应纺织加工和最终产品使用所需要的基本性能的连续线状物体。通常说的"纱线"，其实是"纱"和"线"的统称。在纺织上常将"纱"和"线"区分开，即"纱"是将许多短纤维或长丝排列成近似平行状态，并沿轴向旋转加捻，组成具有一定强度和线密度的产品，又称为"单纱"；而"线"则是由两根或两根以上的单纱捻合而成的产品，又称股线。

按纺纱工艺分，纱线分**精梳纱**和**粗梳纱**（或**普梳纱**）。**精梳纱**即经过精梳工艺纺得的纱线，与粗梳纱相比，其用料较好，纱线中纤维伸直平行，纱线品质优良，纱线线密度较细。

按纺纱方法不同可将纱线分为环锭纺纱、自由端纺纱和非自由端纺纱。**环锭纺纱**是指在环锭细纱机上，用传统纺纱方法加捻制成纱线（图1-8）。纱线中纤维内外缠绕联结，纱线结构紧密，强度高，但由于同时靠一套机构来完成加捻和卷绕工作，因而生产效率受到限制。此类纱线用途广泛，可用于制备各类织物、编结物及绳带等。

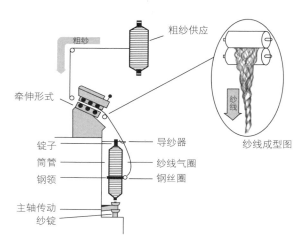

图 1-8　典型的环锭纺纱示意图

　　按组成纱线的纤维长度分类，纱线可分为**长丝纱**和**短纤维纱**。长丝纱是一根或多根连续长丝经并合、加捻或变形加工制成的纱线。短纤维纱是短纤维经加捻纺成具有一定线密度的纱，又可分为棉型（纤维长度为 25 ~ 38mm）纱、中长纤维型（纤维长度为 51 ~ 76mm）纱和毛型（纤维长度为 70 ~ 150mm）纱三种。另外，**长丝短纤维组合纱**是由短纤维和长丝采用特殊方法纺制的纱，如包芯纱、包缠纱等。

　　按组成纱线的纤维成分分类，纱线可分为纯纺纱、混纺纱、交捻纱和混纤纱。**纯纺纱**是由一种纤维纺成的纱线，命名时冠以"纯"字及纤维名称，如纯涤纶纱、纯棉纱等。**混纺纱**是用两种或两种以上纤维混合纺成的纱线。**交捻纱**是由两种或两种以上不同纤维或不同色彩的单纱捻合而成的纱线。**混纤纱**是利用两种长丝并合而成的纱线，目的是提高某些方面的性能。图 1-9 展示了各种形态的纱线。

　　纱线的线密度用特数（tex）表示，特数（号数）是指 1000m 纱线在公定回潮率时的质量数值（单位为 g），数值越大，纱线越粗。纱

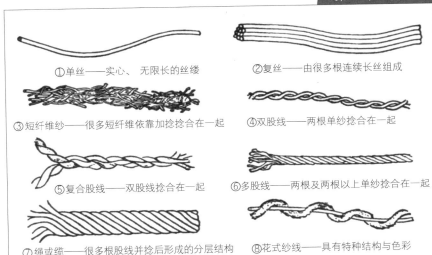

①单丝——实心、无限长的丝缕

②复丝——由很多根连续长丝组成

③短纤维纱——很多短纤维依靠加捻捻合在一起

④双股线——两根单纱捻合在一起

⑤复合股线——双股线捻合在一起

⑥多股线——两根及两根以上单纱捻合在一起

⑦绳或缆——很多根股线并捻后形成的分层结构

⑧花式纱线——具有特种结构与色彩

图1-9　各种形态的纱线（部分）

线按线密度分为粗特（号）纱（>32tex）、中特（号）纱（21～31tex）、细特（号）纱（11～20tex）和特细特（号）纱（<10tex）。

　　按纱线的结构外形分类，纱线可分为单丝、复丝、捻丝、复合捻丝、变形丝（弹力丝、膨体纱和网络丝）、单纱、股线、复捻股线、花式纱线（包芯纱、包缠纱）等不同类型。

1.1.3　织物

1.1.3.1　织物的分类

　　按织造加工方法分类，织物分为**机织物**、**针织物**和**非织造织物**（非织造布或无纺布）三大类（图1-10）。常以**组织结构**来命名机织物和针织物。

　　按构成织物的纱线原料是否单一分类，织物可细分为纯纺织物和混纺织物。**纯纺织物**，构成织物的原料都采用同一种纤维。**混纺织物**，构成织物的原料采用两种或两种以上不同的纤维。**混并织物**是由含两种纤维的单纱经并合成股线所制而成。**交织织物**的两个方向系统的原料分别采用不同纤维纱线。

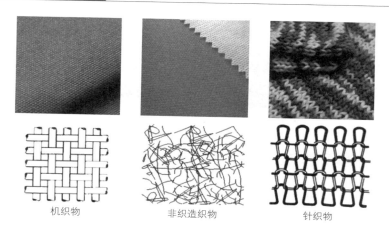

机织物　　　　　　　　非织造织物　　　　　　　　针织物

图 1-10　机织物、非织造织物和针织物及其结构示意图

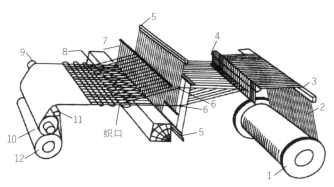

图 1-11　机织物形成（编织/织造）示意图

1—经轴；2—经纱；3—经纱架后梁；4—经纱分纱绞棒；5—棕框；6—综丝眼；7—钢扣；8—纬纱；9—织成的布匹；10—牵拉辊；11—压力导布辊；12—布卷

机织物是由相互垂直排列（即横向和纵向两系统）的纱线在织机上根据一定的规律交织而成（图 1-11）。机织物结构稳定，弹性较针织物差。机织物组织结构种类繁多，大致可分为原组织、变化组织、联合组织、复杂组织（图 1-12）。

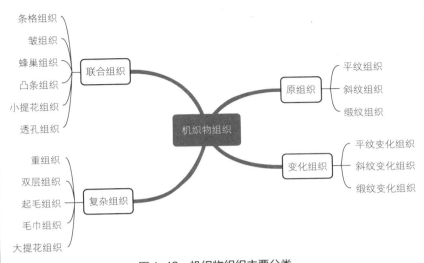

图1-12　机织物组织主要分类

　　原组织包括平纹组织、斜纹组织、缎纹组织三种组织，又称为三原组织。**平纹组织**织物是机织物中最简单的一种，织物表面平坦，正反面外观相同。平纹组织应用十分广泛，如棉织物中的平布、细布、府绸，毛织物中的派力司、凡立丁、法兰绒等，丝织物中的纺类、塔夫绸，麻织物中的夏布等均为平纹组织织物。**斜纹组织**织物表面呈现较清晰的左斜向或右斜向纹路，组织循环数比平纹多，交织次数较少，如棉、毛织物中的卡其、哔叽、华达呢，丝织物中的绫类、羽纱、美丽绸等。**缎纹组织**是原组织中最复杂的一种组织，它最大的特点是在布面上形成单独的互不连续的组织点，织物表面平整、光滑、富有光泽，如棉织物中的横贡缎、直贡缎，毛织物中的直贡呢、马裤呢、驼丝绵等，丝织物中的素缎、花软缎、织锦缎等。常见的不同纤维材料机织物的主要特征，如表 1-3 所示。

表1-3　常见的不同纤维材料机织物的主要特征

机织物	主要特征
丝织物	绸面明亮，柔和，色泽鲜艳，细薄飘逸

续表

机织物	主要特征
棉织物	具有天然棉的光泽，柔软但不光滑
毛织物	精纺呢绒类表面光洁平整，织纹清晰，光泽柔和，富有身骨，弹性好，手感糯滑；粗纺则表面丰厚，紧密柔软，弹性好，有膘光
麻织物	硬而爽
涤纶织物	手感挺爽，弹性好，不易起皱，在阳光下有闪光
锦纶织物	手感比涤纶织物糯滑，但比涤纶织物易起皱
腈纶织物	手感蓬松，伸缩性好，类似毛织物，但没有毛织物活络
维纶织物	类似棉织物，但不及棉织物细柔，色泽不鲜艳

针织物是由纱线编织成圈而制成的织物，根据成形方式不同分为**纬编针织物和经编针织物**（图1-13）。纬编针织物是将纱线沿纬向顺序送入针织机的工作针，使纱线依序弯曲成圈并相互穿套而成。经编针织物是采用一组或几组平行排列的纱线沿经向同时送入针织机的工作针，织针同时整列式将纱线编织成线圈。针织物弹性好，布面手感柔软，舒适、透气，但易脱散、变形。

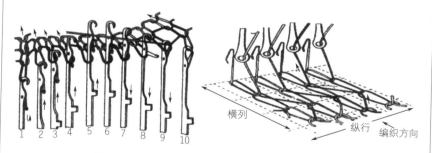

图1-13 纬编（左）与经编（右）的编织示意图

纬编针织物有多个分类方法，按织造方法可分为单面织物和双面织物；按组织结构可分为基本组织、变化组织和花色组织（图1-14）；按外观效应可分为汗布、双面布、卫衣布、珠地布、毛圈布、空气层、罗马布、提花布等；按用途可分为 T 恤面料、卫衣面料、童装面料、连衣裙面料、短袖面料、针织裤面料等。纬编针织面料一般具有良好的弹性和延伸性，手感柔软，坚牢耐用；纯棉类针织面料柔顺亲肤，但易皱、泛黄、缩水和脱散；化纤针织面料耐磨性好、易洗快干，但吸湿性差（未经后整理前）、织物不够挺括，易脱散、起毛、起球、钩丝。

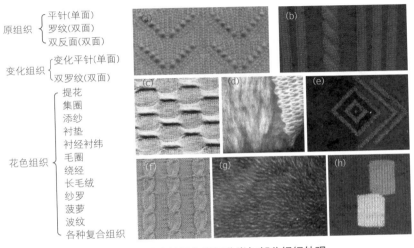

原组织 { 平针(单面)　罗纹(双面)　双反面(双面) }

变化组织 { 变化平针(单面)　双罗纹(双面) }

花色组织 { 提花　集圈　添纱　衬垫　衬经衬纬　毛圈　绕经　长毛绒　纱罗　菠萝　波纹　各种复合组织 }

图 1-14　纬编针织物组织分类与部分组织外观
（a）移圈组织（孔眼）；（b）移圈组织（绞花）；（c）双面胖花或集圈组织（皱组织）；（d）衬纬组织；
（e）嵌花组织；（f）移圈组织（绞花）；（g）长毛绒组织；（h）局部提花组织

经编针织物按组织结构同样可分为基本组织、变化组织和花色组织。基本组织包括编链、经平、经缎、重经和罗纹经平组织；变化组织有经平变化（经绒、经斜）、双罗纹经平组织；花色组织有绣纹组织、网眼组织、缺垫组织、衬纬组织、缺压组织、压纱组织、毛圈组织和双针床组织。图 1-15 为部分经编组织结构。

按用途分类，经编针织物可分为服装用、装饰用和产业用经编针织物。**服装用经编针织物**包括内衣、外衣、运动衣、泳衣、头巾、袜子、手套等。**装饰用经编针织物**有窗纱、窗帘、帷幔、璎穗、床罩、沙发布、台布、地毯、汽车用布、墙布以及其他家居装饰用布、枕巾、床单、蚊帐、浴巾、毛巾等。**产业用经编针织物**有筛网、渔网、传送带、水龙带、绝缘布、过滤布、油箱布、降落伞面、育秧网、护林网、帐篷、土工布、纱布、绷带、止血布、人造血管等。

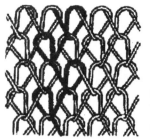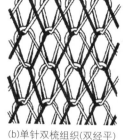

(a)单针单梳组织(经平)　　(b)单针双梳组织(双经平)　　(c)双针组织(罗纹经平)

图1-15　部分经编组织结构

非织造织物又叫非织造布或无纺布,它不经过上述的机织或针织过程,而是将松散的纤维经黏合或缝合直接制成织物。非织造布种类繁多,可按成网工艺或纤网固结方法分类,并用成网工艺与固结方法结合来命名(图1-16)。

按成网方法来分,有**熔体纺丝成网**,如纺黏布、熔喷布、静电纺丝布(无机物);**溶液纺丝成网**,如静电纺丝布(有机物、无机物)、闪蒸布、膜裂布;**气流成网**,即纤维原料经开松、混合、梳理制成单纤维后,在离心力及气流的共同作用下,或直接利用空气动力学方法凝聚在成网设备上,如无尘纸;**梳理成网**,即短纤维在梳理机的针布作用下分梳成单根纤维状态后凝聚成纤维网,如水刺布、针刺布等;**湿法成网**,即将置于水介质中的纤维原料分散成单纤维,同时使不同纤维原料混合,制成纤维悬浮浆,输送到成网机构,使纤维在湿态下成网再加固成布。

按纤网的固结方式来分,有**自黏合、热风黏合、热轧黏合、化学黏合**(浸渍法、喷胶法、泡沫法、溶剂法等)、**超声波黏合**以及**机械固结**(水刺、气刺、针刺、缝编)等。

根据用途分类,非织造布可分为**医疗卫生用非织造布**,包括手术衣、

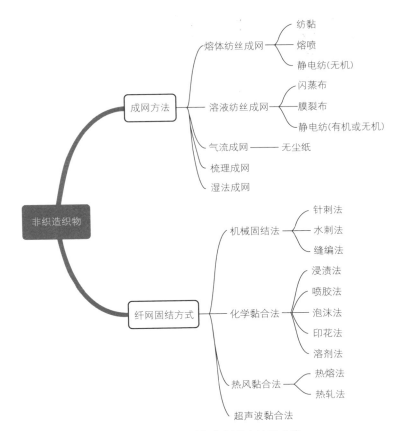

图 1-16 非织造织物制备方法及分类

防护服、消毒包布、口罩、尿片、民用抹布、擦拭布、湿面巾、美容用品、卫生巾、卫生护垫及一次性卫生用布等；**家庭装饰用非织造布**，如贴墙布、台布、床单、床罩等；**服装用非织造布**，如衬里、黏合衬、絮片、定型棉、各种合成革底布等；**工业用非织造布**，如过滤材料、绝缘材料、水泥包装袋、土工布、包覆布等；**农业用非织造布**，如作物保护布、育秧布、灌溉布、保温幕帘等；**其他用途非织造布**，如太空棉、保温隔声材料、吸油毡、烟过滤嘴、袋包茶袋等。

1.1.3.2 布匹与面料

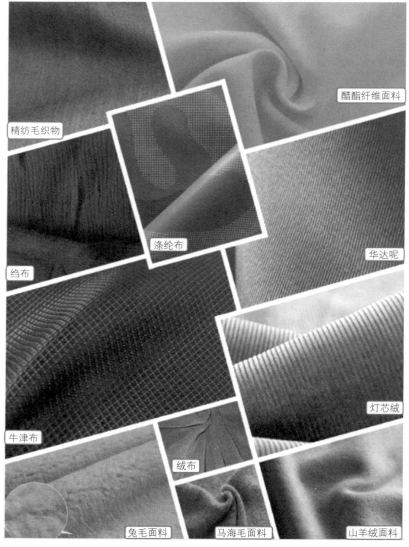

精纺毛织物

醋酯纤维面料

涤纶布

华达呢

绉布

灯芯绒

牛津布

绒布

兔毛面料

马海毛面料

山羊绒面料

图 1-17 常见纺织面料（部分机织面料）

在纺织服装行业，通常将用于缝制服装成衣的各种片状的平幅织物称为布匹或面料。**布匹**有一定幅宽，旧时用匹作长度单位，因而称之为布匹。同时还用厚度、平方米克重来衡量其质量，作为商品交易的评价指标。另外，用于服装的织物泛称为**面料**。严格来讲，服装用料包括**里料**和面料，里料用在服装里面，如里衬；而露在外面的织物为面料。除服装面料外，还有用于制革、箱包、鞋业等的裘皮及皮革面料，也统称为面料。图 1-17 为常见的部分机织面料。

1.1.4　服装

服装指穿在人体上起到保护和装饰作用的纺织制品，俗称衣服。服装的整个生产工艺流程包括纤维制造、纺纱、织造、染色、后整理、缝纫、成衣等环节。服装有不同的分类方法，风格与特色丰富（图 1-18）。

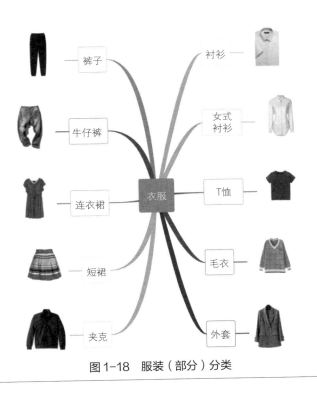

图 1-18　服装（部分）分类

1.2 功能纺织品概念、分类及标识

1.2.1 功能纺织品的概念

功能纺织品区别于常规的普通纺织品，是运用新的纤维技术、织造技术、染整技术、化学技术、信息技术等（图1-19），或综合几项新技术生产加工出的，具有常规纺织品的保暖、遮盖和美化功能之外的其他特殊或特定功能的纺织品。其提供的功能有抗静电、防缩抗皱（免烫）、防蛀、防水、防污、抗起球、阻燃、防紫外线、远红外加热、防辐射（电磁屏蔽）、抗菌消臭等。这些功能纺织品有的具有单一功能，有的是多功能或复合功能，能满足人们对舒适、美观、健康、时尚、保健等方面日益增长的需求。

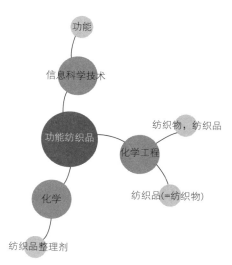

图1-19 功能纺织品与相关技术联系图

1.2.2 功能纺织品的分类

第一，功能纺织品按照可实现或可提供的功能来分类，大类上主要

有舒适及易用功能纺织品、**安全防护功能纺织品**、**保健功能纺织品**和**技术性特殊功能纺织品**（图1-20）。

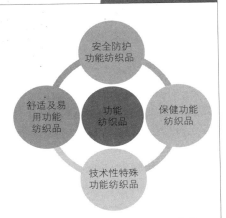

图1-20　功能纺织品的主要分类

舒适及易用功能纺织品是提供吸湿速干、免烫防皱、透气、透湿、凉爽、防污等舒适性与易用性功能的纺织品。**安全防护功能纺织品**是提供相应防护作用，降低或免受因危险导致的伤害，如阻燃、抗静电、防紫外线、电磁屏蔽、拒水拒油等功能的纺织品。**保健功能纺织品**是提供抗菌、防霉、防蚊虫、防螨、防臭、远红外加热、负离子、芳香等功能或作用的纺织品。**技术性特殊功能纺织品**是指用于各产业领域的具有特殊或特定功能的纺织品，从应用角度或可称为**产业用功能纺织品**。需要进一步说明的是，技术性特殊功能纺织品这个概念是针对功能而言，有别于前述的舒适及易用功能、安全防护功能和保健功能；而产业用功能纺织品是针对产业用途而言，其功能上可能涉及以上功能中的任何一种或多种功能，以及其他特定或特殊功能。

第二，功能纺织品按照应用领域可分为**服装用功能纺织品**、**家居和装饰用功能纺织品**、**产业用功能纺织品**等。

服装用功能纺织品更注重外观效果、感官效果和穿着舒适性，对款式、色彩、性能有更高的要求，如触感（柔软、温暖、凉爽、干爽等）、视觉效果（色彩、款式、花型、悬垂、挺括、防皱等）、味觉感知（香味、消除异味等），以及基本使用功能（强度、尺寸稳定性、防缩、防蛀等）。**家居和装饰用功能纺织品**是指应用到家居、家装及其他装饰领域的功能纺织品，包括床上用品、挂帷类、餐厨类、室内外装饰、车内饰等纺织品，要求系列化、配套化、艺术化和功能化，如具有阻燃、遮光、隔热、防蛀、防污、防水、保暖、保健等功能，着重于易用性、舒适性和装饰性。**产业用功能纺织品**是指应用到公共事业（服务业）、休闲运动、娱乐、工业（制造）加工、土工建筑、农业、国防、航空航天、医疗卫生、保健等领域的功能纺织品，侧重高性能、特殊功能，对于不同应用领域及产品用途有不同的功能性要求和需求。

1.2.3 功能纺织品的标识

为控制功能纺织品的质量，规范宣传方式，避免虚假宣传，保证消费者权益，促进行业健康发展，相关法规和国内标准都对功能纺织品的评价和标识做出了要求。根据中国纺织信息中心和国家纺织产品开发中心共同编撰的《2019中国纺织产品开发报告》，功能纺织品主要标识如图1-21所示。

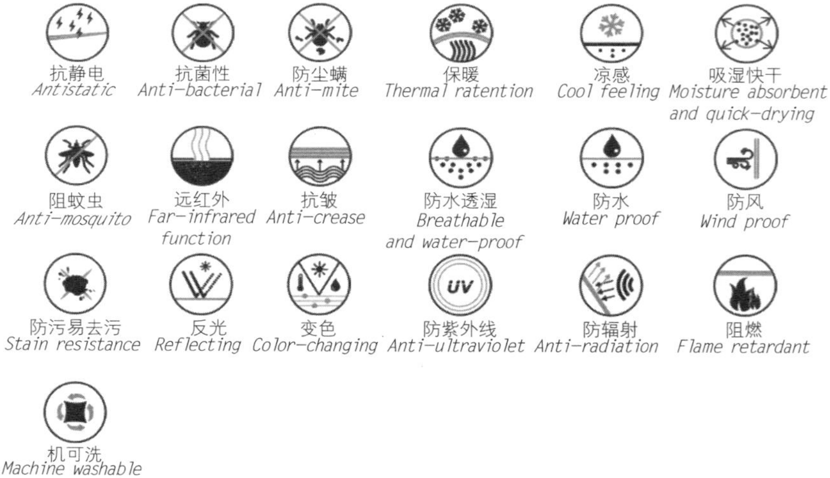

抗静电
Antistatic

抗菌性
Anti-bacterial

防尘螨
Anti-mite

保暖
Thermal ratention

凉感
Cool feeling

吸湿快干
Moisture absorbent and quick-drying

阻蚊虫
Anti-mosquito

远红外
Far-infrared function

抗皱
Anti-crease

防水透湿
Breathable and water-proof

防水
Water proof

防风
Wind proof

防污易去污
Stain resistance

反光
Reflecting

变色
Color-changing

防紫外线
Anti-ultraviolet

防辐射
Anti-radiation

阻燃
Flame retardant

机可洗
Machine washable

图1-21 功能纺织品的主要标识

1.3 功能纺织品的制备方法

1.3.1 运用功能性纤维、纱线等材料

制备功能纺织品的第一种途径，就是由本身具有某些特定功能的纤维通过后续的纺、织、染和后整理等工序制备而成。可以全部使用功能

纤维，也可以用功能纤维与其他纤维混纺或交织的方式，结合纱线设计与制备、织造方法选择、组织结构设计、外观形状设计等方法来开发、制备功能纺织品。

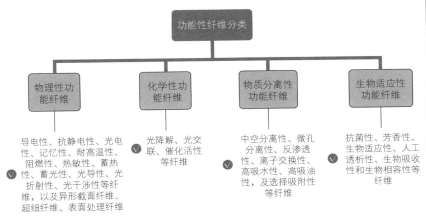

图1-22 功能性纤维分类

功能性纤维指纤维形状及性能区别于传统天然纤维与普通化学纤维，采用化学和物理改性方法后获得的具有一定结构、形态以及特定或特殊性能（功能）的纤维。功能性纤维按其属性可分为：**物理性功能纤维**，如导电、发光、光学透明、耐辐射、蓄热、变色、相变等纤维；**化学性功能纤维**，如光降解、光交联、催化活性、耐强酸、耐强碱、耐有机溶剂的纤维；**物质分离性功能纤维**，如中空分离、微孔分离、反渗透、离子交换、高吸水、高吸油及选择吸附等纤维；**生物适应性功能纤维**，如抗菌、芳香、生物适应和人工透析、生物吸收和生物相容等纤维（图1-22）。

功能性纤维可由功能高分子材料纺制，也可以由普通高分子材料通过加工、改性，或添加功能物质制备而成。功能性纤维的生产方法主要有：**异形截面法**，即改变喷丝孔形状使纤维截面异形化，获得吸湿排汗、快干、透湿、凉爽等功能性纤维；**共混纺丝法**，即在纺丝液中添加具有特殊功能的物质进行共混纺丝，得到的纤维产品性能稳定，功能效果持久；**复**

合纺丝法，即将含有功能性物质的溶液与一般纺丝溶液从同一纺丝口喷出，形成长丝，得到的纤维结构有并列型、皮芯型、海岛型等；**纤维改性法**，即将原有纤维进行改性，如采用涂覆、镀膜等方法在表面添加功能性物质进行表面改性，或通过化学接枝、化学基团取代实现微观分子结构的改性，使纤维带有功能性基团；以及**静电纺丝**等非常规纺丝方法。

1.3.2　运用合理的织造方法

织造方法决定了织物的组织结构，而组织结构又很大程度上影响了织物性能。除了采用功能性纤维原料外，运用合理的织物组织结构和织造方法，也可以实现面料的舒适、吸湿、透气、保暖等功能，这是制备功能纺织品的第二种途径。如利用高支棉纱或超细合成纤维进行高密度织造，并进行收缩处理，可以使织物具有防水透湿功能。又如，通过改变纱线形状，以合理的组织结构使纱线之间空隙加大，从而增加散热，可提高织物的凉爽性，应用于运动服。

针织织造方法特别适用于形成网孔结构，结合成圈、集圈和浮线的不同编织可使织物具有良好的导湿透气功能。另外，考虑使用双面（可两面性质不同）、双层或多层的结构，实现面料的吸湿排汗、防紫外线、防辐射、抗菌防臭、防寒保暖等方面的功能。

1.3.3　运用功能性后整理方法

制备功能纺织品的第三种途径，是在特殊或特定温度、湿度和工艺条件下对纤维、纱线、织物甚至服装成品或半成品进行浸轧、喷洒或表面涂覆化学整理剂，使具有特殊功能的助剂附着在纤维、织物表面或与织物形成界面效应，使纺织品获得特定或特殊功能。此种化学后整理方法可赋予纺织品多种功能，如抗皱、防缩、防水、防油、阻燃、抗菌防臭、防霉防蛀、防静电、防紫外线、防辐射、香味、远红外保健功能等。几乎所有类型的功能性面料都可以通过这种助剂整理方法来制备。

1.3.4　复合法

制备功能性纺织品的第四种途径，可以是上述途径的复合，或者采用离子表面处理法、微胶囊法、泡沫整理、高能辐射法、微波法、远红外线整理加工、生物技术等新型整理（制备）方法。如利用真空物理沉积或溅射、等离子处理技术进行表面镀（覆）膜、物理表面改性等，可赋予纺织品阻燃、抗菌、防紫外线、拒水抗油、远红外保暖和保健、抗静电、电磁屏蔽等功能，产品可广泛应用于服装、医疗、食品餐饮、军事等领域。总的来说，制备功能纺织品的技术可以是各种方法的组合，如图 1-23 所示。

图 1-23　功能纺织品制备加工技术

第 2 章

舒适与易用功能纺织品

　　服装用纺织品的性能（简称服用性能）包括适用性、耐用性、外观保持性、尺寸稳定性、安全卫生性和舒适性等。随着生活水平的不断提高，人们对服用性能的要求已从基本的保暖、耐用转向对更加美观和舒适的追求。此外，多数家用纺织品也涉及对舒适性和易用性等功能的要求（图 2-1）。

图 2-1　家用纺织品（需要舒适和易用功能）

　　舒适性指人们在使用纺织品时追求生理和心理上的舒适感，通常指织物的通透性、柔软性、吸湿性、保暖性等性能给使用者带来的如触感（体感）、湿热感等主观感觉，大致分为热湿舒适性、压力舒适性和触感舒适性。其中，热湿舒适性（狭义上的舒适性）包括吸湿排汗性、透气性、保暖性等。**舒适功能纺织品**包括具有吸湿排汗（速干）、凉爽（凉感或冰爽）、保暖防寒、防水透湿等功能的纺织品，常用于运动服、内衣、T 恤、塑身衣、压力袜等产品。

　　易用性指人们在日常生活中使用纺织品时的容易程度，如要求 T 恤、运动服和某些防护类服装有易用功能，包括抗皱免烫（机可洗）、快洗易干、防污（易去污）、自清洁等。

　　许多时候，舒适性与易用性是相关的，如凉感、吸湿排汗、防水透湿、快洗易干的功能纺织品具有热湿舒适和速干的特点，兼具易用性与舒适性，在运动服装方面的应用比较广。因此，本章把纺织品的舒适性与易用性合并在一起介绍，主要从以下几方面展开（图 2-2）。

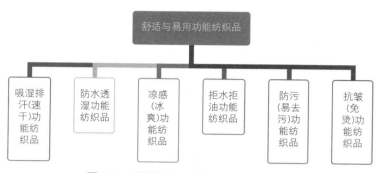

图2-2　舒适与易用功能纺织品主要分类

2.1　吸湿排汗（速干）功能纺织品

2.1.1　吸湿排汗（速干）功能纺织品的定义

吸湿排汗（速干）功能纺织品指疏水纺织材料同时具有吸湿性和快干性，可制备成让人体保持干爽舒适的功能性面料或服装。通常来讲，吸湿排汗与吸湿速干意思相近，但侧重对象不同。**吸湿排汗**是针对人体而言，汗水（汽）被织物或服装迅速吸收，接着被传导至外界环境快速挥发，使人体皮肤得以保持干爽。而**速干（或快干）**是针对衣物来说，如衣物淋雨或湿水后，水分快速蒸发，衣物迅速恢复干燥状态。由于吸湿排汗（速干）功能纺织品可解决人体闷热或出汗粘身等问题，调节人体－服装环境的内气候，因此又被称为"**会呼吸的纺织品**"。

吸湿排汗（速干）的过程包括**吸湿、导湿和蒸发**（图2-3）。具有吸湿性好、保湿性低、水分传导快、透湿性好、水分蒸发快等特征的纤维材料制品有利于提高纺织品的吸湿速干性能。一方面是由于毛细现象（毛细作用）增加了纤维亲水性，提高了织物的吸湿能力；另一方面，由于此类纤维材料自身回潮率较低（即蓄水能力弱），人体皮肤的水分子被传导至纤维材料表面或间隙后容易散发到空气中，使织物内保持干爽和舒适感，从而达到吸湿、排汗（速干）两个功效。简言之，纺织品对人体汗液的吸附（吸湿）、传导（导湿）和扩散（蒸发）是影响其吸湿速干性能的主要因素。

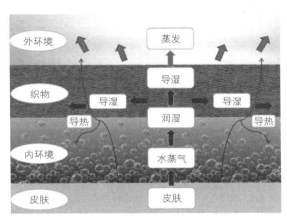

图2-3　吸湿排汗（速干）功能纺织品机理示意图

2.1.2　吸湿排汗（速干）功能纺织品的生产及分类

吸湿排汗功能纺织品可以从纤维、纱线、织物组织结构（不同织造技术）以及后整理加工方式等方面进行设计与生产。

第一，使用具有良好吸湿、导湿性的功能性纤维或纱线织造成吸湿排汗纺织品。这些纤维经过物理结构变化或化学改性，具有较好的吸湿、导湿功能，如截面为三角形、中空、十字形、多叶形、沟槽状、C形、Y形等的异形涤纶或锦纶丝（图2-4和图2-5），纤维表面积的增加及其细微沟槽或孔洞的结构加强了**芯吸效应**和**差动毛细效应**，可快速实现人体汗液或湿气由服装内层向外层的传导。

第二，通过面料的组织结构设计，比如珠地针织组织具有凹凸蜂巢结构（即内层网眼大、外层网眼小），可利用**差动毛细效应**（图2-6）形成的压力差促使汗液由里向外运动，实现吸湿排汗功能。另外，面料里层使用不吸湿或吸湿性差的纤维（如涤纶），外层使用吸湿性好的纤维（如棉），可对汗液有一个由里向外的**差动吸附作用**（也叫作**润湿梯度效应**）（图2-7），比如添纱组织或涤盖棉组织等。

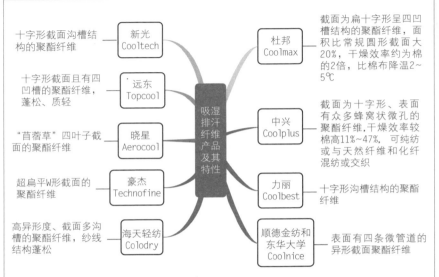

图2-4　常见的吸湿排汗（速干）功能纤维产品

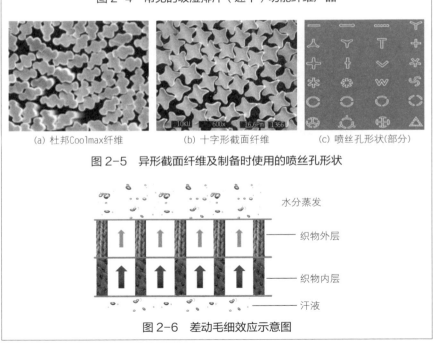

(a) 杜邦Coolmax纤维　　(b) 十字形截面纤维　　(c) 喷丝孔形状(部分)

图2-5　异形截面纤维及制备时使用的喷丝孔形状

图2-6　差动毛细效应示意图

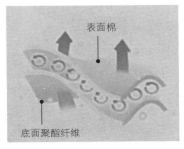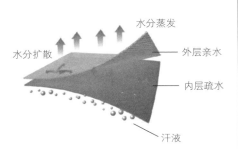

图 2-7　润湿梯度效应示意图

　　第三，使用具有良好亲水性的化学物质对织物或面料进行吸湿排汗功能处理，包括单面疏水整理、单面亲水整理、亲疏水双面整理等，使织物两面形成吸湿性差异，实现**单向导湿**。如将疏水整理剂涂到织物表面作为服装里层面料，人体湿气与汗水产生单向导湿，经由芯吸、扩散等传递至服装外层蒸发与挥发，从而实现吸湿排汗、速干的功能。

　　第四，采用亲疏水性不同的纱线制备双层或多层**单向导湿**织物（图2-8）。如织物内层采用细旦涤纶、丙纶等疏水性纤维，外层采用棉、毛、黏胶纤维等亲水性纤维，织物结构采用高密组织，通过增加内外层织物的差动毛细效应，实现单向导湿功能。

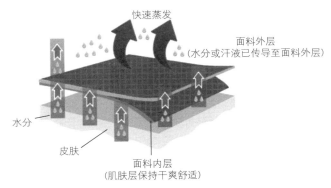

图 2-8　单向导湿示意图

2.1.3 吸湿排汗（速干）功能纺织品的评价与检测

纺织品的吸湿排汗（速干）功能评价包括对吸湿性、排汗性、速干性的评价。**吸湿性**是指服装面料内表面能迅速吸收汗液的性能，以**吸水率、滴水扩散时间、芯吸高度**来表征。**排汗性**是指服装面料内表面吸收汗液后能迅速传导到外表面的性能，以**单向传递指数**来表征。**速干性**是指汗液传导到服装面料外表面后能迅速扩散挥发的性能，以**蒸发速率及透湿量**来表征。

GB/T 21655.1—2008《**纺织品 吸湿速干性的评定 第1部分：单项组合试验法**》以织物对水的吸水率、滴水扩散时间和芯吸高度表征织物对液态汗的吸附能力（吸湿性）；以织物在规定空气状态下的水分蒸发速率和透湿量表征织物在液态汗状态下的速干性。对于针织类和机织类吸湿速干产品，指标见表2-1。

表2-1 GB/T 21655.1—2008 对吸湿速干性的评定

项目		要求	
		针织类	机织类
吸湿性	吸水率 /%	≥ 200	≥ 100
	滴水扩散时间 /s	≤ 3	≤ 5
	芯吸高度 /mm	≥ 100	≥ 90
速干性	蒸发速率 / (g/h)	≥ 0.18	≥ 0.18
	透湿量 /[g/ ($m^2 \cdot d$)]	≥ 10000	≥ 8000

注：对于芯吸高度，针织类以纵向或者横向中较大者考核；机织类以经向或纬向中较大者考核。

GB/T 21655.2—2019《**纺织品 吸湿速干性的评定 第2部分：动态水分传递法**》将吸湿性和速干性指标合并，以浸湿时间、吸水速率、渗透面最大浸湿半径、渗透面液态水扩散速度来评定吸湿速干性；以渗透面浸湿时间、渗透面吸水速率和单向传递指数来评定吸湿排汗性。分级指标见表2-2，评定要求见表2-3。无论选择单项组合法还是动态水分传递法，都要求纺织品必须达到洗前洗后的各项有关吸湿性能、速干性能指标，才能称为具备吸湿速干性能。

表 2-2　GB/T 21655. 2—2019 对各性能指标的分级

性能指标	1 级	2 级	3 级	4 级	5 级
浸湿时间 T/s	> 120.0	20.1 ~ 120.0	6.1 ~ 20.0	3.1 ~ 6.0	≤ 3.0
吸水速率 $A/$（%/s）	0 ~ 10.0	10.1 ~ 30.0	30.1 ~ 50.0	50.1 ~ 100.0	> 100.0
最大浸湿半径 R/mm	0 ~ 7.0	7.1 ~ 12.0	12.1 ~ 17.0	17.1 ~ 22.0	> 22.0
液态水扩散速度 $S/$（mm/s）	0 ~ 1.0	1.1 ~ 2.0	2.1 ~ 3.0	3.1 ~ 4.0	> 4.0
单向传递指数 O	< −50.0	−50.0 ~ 100.0	100.1 ~ 200.0	200.1 ~ 300.0	> 300.0

注：浸水面和渗透面分别分级，分级要求相同；其中 5 级程度最好，1 级最差。

表 2-3　GB/T 21655. 2—2019 对纺织品吸湿排汗（速干）性的评定

性能	项目	要求
吸湿速干性	浸湿时间[1]	≥ 3 级
	吸水速率[1]	≥ 3 级
	渗透面最大浸湿半径	≥ 3 级
	渗透面液态水扩散速度	≥ 3 级
吸湿排汗性	渗透面浸湿时间	≥ 3 级
	渗透面吸水速率	≥ 3 级
	单向传递指数	≥ 3 级

[1] 浸水面和渗透面均应达到。

另外，吸湿排汗（速干）功能纺织品在使用说明中需明示为"性能种类 + 产品类别"，可标注标准编号及指标值，或者标注标准编号及功能性名称，如"吸湿排汗，GB/T 21655.2—2019"或"吸湿速干，GB/T 21655.2—2019"。如果仅标注吸湿、速干、排汗中的一种性能，说明该产品并不完全具备吸湿排汗（速干）功能性，可分别参照单项组合法或动态水分传递法给予单独评定。例如，对于吸湿产品，仅参考表 2-2 中吸湿性的三项指标；对于速干产品，仅参考速干性的两项指标。而参照动态水分传递法，可评定吸湿速干性或者吸湿排汗性（表 2-2

和表 2-3 ）。

2.1.4　吸湿排汗（速干）功能纺织品的应用

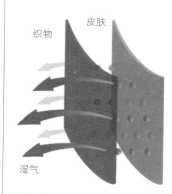

图 2-9　Huntsman 公司经功能处理制备的吸湿排汗服装示意

吸湿排汗（速干）功能纺织品具有吸湿、排汗、速干等服用舒适性，适用于各种运动场合的运动装、高温高湿作业环境中的工装等。市场上常见的吸湿排汗功能面料或服装主要由涤纶和锦纶（尼龙）两种纤维制备而成。而全棉或全麻纺织品的舒适性好，但保湿性较高，可与吸湿排汗纤维结合制备兼具吸湿排汗与舒适性的纺织品，比如衬衫、牛仔服、内衣、西裤、衬里等日常衣物，以及家用装饰纺织品、床上用品、洗浴用品等非服用产品。

亨斯迈（Huntsman）公司采用 HIGH IQ® Cool Comfort 吸湿排汗处理技术制备的吸湿排汗产品如图 2-9 所示。面料中微型气流可加强通风快干效果，可迅速带走人体湿气、汗水，让衣服保持干爽透气。

融合纱线、结构设计以及添加多微孔颗粒的纤维，有效改善户外活动期的吸湿排汗和温度调节性能。同时添加功能性纱线，使产品更耐用，功能更持久。

图 2-10　北面（The North Face）公司短袖速干 T 恤

北面（The North Face）公司的某款短袖速干 T 恤产品如图 2-10 所示。其吸湿透气面料采用了 FLASHDRY-XD 技术并结合针织网眼结构制备，可有效改善人体户外运动时服装的吸湿透气和温度调节性能，具有良好的吸湿排汗功能，穿着舒爽透气。

2.2　防水透湿功能纺织品

2.2.1　防水透湿功能纺织品的定义

防水透湿（或称防水透气）**纺织品**，是集防水和透湿甚至防风、保暖性能于一体的功能性纺织品，要求织物在一定的水压下不被水（主要是雨水）润湿或渗透，但人体散发的汗液蒸汽却能通过织物扩散或传导到外界，不在体表和织物之间积聚冷凝，使人体主观感觉不到发闷。

根据美国纺织化学师与印染师协会（American Association of Textile Chemists and Colorists，AATCC）的定义，**疏水**是指面料或织物防止被水浸湿的能力，表现为不亲水或憎水，纺织品**疏水性**评价的是其与水的亲近能力（程度）；**拒水**（或抗水）是指面料防止被水浸湿及透过的能力，着重考虑透过的水量。拒水能力从小到大分为**防泼水**（或防沾水）和防水。**防泼水**指水不被面料吸附，能够在面料表面被"拨开"的能力；而拒水性达到一定程度才叫**防水**。**防水**是指液态水无法透过、水蒸气可或不可通过的能力。

2.2.2　防水透湿功能纺织品的生产及分类

根据加工方法，防水透湿功能面料分为**高密织物**、**涂层织物**和**层压织物**三大类。其中，高密织物加工难度大，防水性能一般，但手感较好，在市场上占据部分比例；涂层织物和层压织物因其可达到很好的防水透湿性，又可满足产品多样的性能要求而占据市场的主导地位，比如实现高防水低透湿型、高防水高透湿型等不同程度要求，以及满足保温、迷彩、阻燃等不同性能的需要。

第一，用超细纤维制作**高支高密防水透湿织物**。高支高密织物是指经纬纱很细、经纬密度很大的一类织物。习惯上把每平方英寸

（1in=2.54cm）中经密和纬密的根数相加达到 180 根以上的称为高密。利用织造方式或者整理方式均可获得高密织物，如涤纶皮芯异收缩纤维所制织物经热收缩整理后，获得防水透湿性能；超细纤维（0.1 ~ 0.3dtex）结合收缩技术可制得超高密织物。对高支高密织物进行防水处理（涂层），可提高其防水效果。

第二，采用单面或双面涂层，每一面可以单层或多层涂层的方式，将具有防水透湿性能的高聚物涂覆在织物表面，制得**涂层防水透湿织物**。涂层分为**微孔型涂层**和**亲水型涂层**两类，其中微孔型涂层在涂层剂中形成 2 ~ 3μm 的永久性微孔，水蒸气能够从微孔中通过并扩散出去，但液态水不能通过；而亲水型涂层（图 2-11）由于亲水基团的存在，汗液（水蒸气分子）通过"吸附－扩散－解吸"的作用扩散出去从而体现透湿性，液态水同样不能通过。涂层方法有三种：直接涂层、转移涂层和凝固涂层。对比来看，微孔型防水透湿面料的防水透气性很好，在低温状态下表现稳定（适用于雪山攀登者穿着），适用范围广，但耐洗性略差，价格较高；覆膜类亲水型防水透湿面料耐用性好、价格便宜，但透气性能较差，尤其当环境温度较低时，材料性能不稳定，会造成透气性降低。

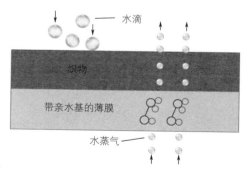

图 2-11　亲水型涂层防水透湿示意图

第三，**层压法**制备防水透湿织物。通过特殊的黏合剂和层压工艺，将具有防水透湿功能的微孔薄膜、亲水性无孔薄膜或这两种薄膜的复合膜与织物复合在一起，就形成了层压防水透湿织物（图 2-12）。**层压方法**有三种，黏合剂层压、焰熔层压和热熔层压。常见层压织物所用薄膜多为 PTFE 拉伸膜或热塑性聚氨酯无孔薄膜。

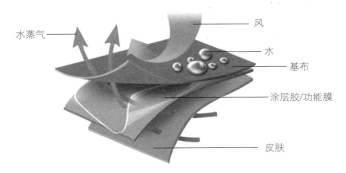

图 2-12   层压防水透湿织物示意图

2.2.3   防水透湿功能纺织品的评价与检测

根据 GB/T 4745—2012《**纺织品   防水性能的检测和评价   沾水法**》，利用图 2-13（左）所示沾水测试仪（喷淋装置）测试试样沾水情况，对比图 2-13（右）的等级图片以及表 2-4 的文字描述，用**沾水等级**表征织物表面抵抗被水润湿的程度。沾水等级分为 0 ~ 5 级，5 级表示具有优异的抗沾湿性能，即防泼水能力最好；0 级表示不具有抗沾湿性能，即防泼水能力最差。GB/T 4745—2012 的测试标准对应于 AATCC 22 和 ISO 4920 的相关要求，因此也有采用分数来评价拒水性的，分数与沾水等级的对应关系是，5 级为 100 分；4 级为 90 分；3 级为 80 分；2 级为 70 分；1 级为 50 分。GB/T 4745—2012 适用于测试和评价沾水性能（即表面拒水性），不适用于测定织物的渗水性或防雨渗透性能。

表 2-4   GB/T 4745—2012 沾水等级与防水性能评价

沾水等级	沾水现象描述	防水性能评价
0 级	整个试样表面完全润湿	不具有抗沾湿性能
1 级	受淋表面完全润湿	
1 ~ 2 级	试样表面超出喷淋点处润湿，润湿面积超出受淋表面一半	抗沾湿性能差

续表

沾水等级	沾水现象描述	防水性能评价
2 级	试样表面超出喷淋点处润湿，润湿面积约为受淋表面一半	抗沾湿性能差
2 ~ 3 级	试样表面超出喷淋点处润湿，润湿面积少于受淋表面一半	抗沾湿性能较差
3 级	试样表面喷淋点处润湿	具有抗沾湿性能
3 ~ 4 级	试样表面等于或少于半数的喷淋点处润湿	具有较好的抗沾湿性能
4 级	试样表面有零星的喷淋点处润湿	具有很好的抗沾湿性能
4 ~ 5 级	试样表面没有润湿，有少量水珠	具有优异的抗沾湿性能
5 级	试样表面没有水珠或润湿	

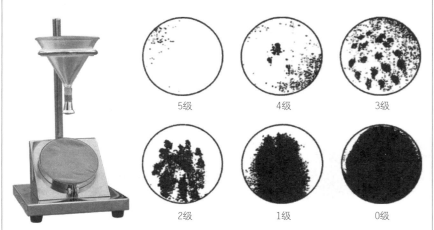

5级　　　　4级　　　　3级

2级　　　　1级　　　　0级

图 2-13　GB/T 4745—2012 规定的沾水测试仪（左）与沾水等级（右）

纺织品的防泼水能力还可采用**淋雨法**进行测试和评价。GB/T 14577—1993《织物拒水性测定　邦迪斯门淋雨法》用于模拟和评价织物在运动状态下经受阵雨的拒水性。测试结果以吸水率表示，并参比样照，以 1 ~ 5 级来评定湿试样的拒水性，级数超高，拒水性越好。

AATCC 35—2021《耐水性试验方法：雨》和 GB/T 33732—2017《纺织品　抗渗水性的测定　冲击渗透试验》则采用**冲击渗透试**

验测量织物的抗冲击渗水性，可以用来预测雨水对织物的渗透性，尤其适用于测量服装织物的抗渗透性。此法是模拟日常雨天情况下服装织物的拒水性，在面料试样后方垫一块已称过质量的吸水板（吸水纸），以一定压力的水流在规定时间内从距样品 30cm 处连续喷淋样品，从吸水板的吸水量来判定织物的拒水性，如表示为"+5g"或">5g"。通常，吸水 <1.0g 为可接受的，表示具有一定拒水性。

GB/T 4744—2013《**纺织品　防水性能的检测和评价　静水压法**》利用静水压测试和评价纺织品的**防水性**（抵抗被水渗透的程度）。**静水压**是指织物抵抗被水渗透时的压强。静水压试验通过测试纺织品在水开始渗透之前可以承受的水压，模拟其在暴雨环境中的防水性能。具体评价等级及指标见表 2-5。

表 2-5　GB/T 4744—2013 规定的抗静水压等级

抗静水压等级	静水压值 P/kPa	防水性能评价
0 级	$P<4$	抗静水压性能差
1 级	$4 \leqslant P<13$	具有抗静水压性能
2 级	$13 \leqslant P<20$	
3 级	$20 \leqslant P<35$	具有较好的抗静水压性能
4 级	$35 \leqslant P<50$	具有优异的抗静水压性能
5 级	$50 \leqslant P$	

注：不同水压上升速率测得的静水压值不同，表中防水性能评价是基于水压上升速率 6.0kPa/min 得出。

以上各种拒水（防水）性的测试方法简述于图 2-14。需要注意的是，针对防水能力要求不高的产品可能仅需要测试沾水性，但针对风衣（冲锋衣）等防水要求高的产品，则应同时考核耐静水压性能和沾水等级（表 2-6）。

织物的**防水透湿性**指既能抵抗被水渗透，又能将水蒸气排出的性能，一般以**沾水等级、静水压**和**透湿率（或渗水量）**来综合表征。根据 GB/T 40910—2021《**纺织品　防水透湿性能的评定**》，防水透湿性能评价分为Ⅰ级、Ⅱ级和Ⅲ级三个等级，等级越高，防水透湿性越好（见表 2-7）。

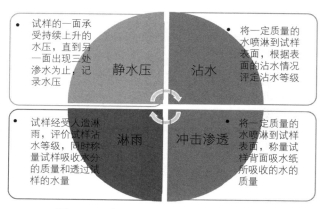

图 2-14　各种拒水（防水）性的测试方法

表 2-6　对不同产品的拒水（防水）等级要求

标准	要求
FZ/T 81010—2009《风衣》	沾水等级≥4 级，只考核采用防水整理的面料 [明示防水 (雨) 或明示具有拒水、表面抗湿性能的产品]
GB/T 21295—2014《服装理化性能的技术要求》	针对有拒水要求的成品，沾水等级≥4 级；有防雨功能要求的成品耐静水压≥13kPa；有防暴雨功能要求的产品的耐静水压≥35kPa
GB/T 32614—2016《户外运动服装冲锋衣》	Ⅰ级（洗前沾水等级≥4 级，洗后沾水等级≥3 级） Ⅱ级（洗前沾水等级≥4 级，洗后不要求）

织物的**透湿率**指试样在两面保持规定的温湿度条件下，规定时间内垂直通过单位面积试样的水蒸气质量，单位为 g/（m² · h）或 g/（m² · 24h），测试标准为 GB/T 12704.2—2009《**纺织品　织物透湿性试验方法　第 2 部分：蒸发法**》。GB/T 21295—2014《服装理化性能的技术要求》对有透湿要求的成品，要求透湿率不小于 2200g/（m² · 24h）。

表 2-7　GB/T 40910—2021 对防水透湿性能的评价及要求

等级	防水透湿性能评价	项目		要求
Ⅲ级	具有优异的防水透湿性能	洗前	静水压 /kPa	≥ 50

续表

等级	防水透湿性能评价	项目		要求
Ⅲ级	具有优异的防水透湿性能	洗前	沾水等级 / 级	≥ 4
		洗后	静水压 /kPa	≥ 40
			沾水等级 / 级	≥ 3
		透湿率 /[g/（m² · 24h）]		≥ 8000
Ⅱ级	具有较好的防水透湿性能	洗前	静水压 /kPa	≥ 35
			沾水等级 / 级	≥ 3 ~ 4
		洗后	静水压 /kPa	≥ 30
			沾水等级 / 级	≥ 2 ~ 3
		透湿率 /[g/（m² · 24h）]		≥ 5000
Ⅰ级	具有防水透湿性能	洗前	静水压 /kPa	≥ 20
			沾水等级 / 级	≥ 3
		洗后	静水压 /kPa	≥ 15
		透湿率 /[g/（m² · 24h）]		≥ 3000

注：制品须同时考核面料静水压和接缝处静水压；接缝处无胶条或胶条脱落，直接判定接缝处静水压不合格。

标识上，对于防水透湿产品，应标注防水透湿等级，或标注相应的要求标准，如"防水透湿功能符合 GB/T 21295—2014"；对仅防水产品，标识为"防水 + 产品类别"，如"防水风衣""防暴雨上衣"等。

2.2.4　防水透湿功能纺织品的应用

防水透湿织物具有良好的防水、防风和透气性，常用于越野、帆船、山地骑行等运动中的运动服装面料，如冲锋衣、跑步服、登山服、骑行服、滑雪服等，既能满足寒冷、雨雪、大风等恶劣天气下的防风、防寒、防雪等不同穿着需求，又可保持服装的干爽舒适性。其他应用产品包括医疗防护服、雨伞、睡袋、帐篷、篷盖布等。

冲锋衣和登山服（图 2-15），是较常见的户外运动、旅游用服装，注重防风、防水、透气和保暖性。这类服装一般有三层面料（三层着装法），即内层排汗、中层保暖、外层防风，这三层既可以单独穿着也可以组合穿着，以应对不同的天气（气候）和地理环境。因穿着的季节、气候和需求不同，冲锋衣和登山服的厚薄、结构和具体功能也有所不同，两者对比如表 2-8 所示。

表 2-8　冲锋衣与登山服的比较

品种	主要特点	应用
冲锋衣	·又称风衣 ·一般较薄、轻便 ·一般选三层面料比较好	可运动、可休闲
登山服	·除防寒保暖、透气排湿外，还需具备寒冷恶劣环境下的防风、防水、防污、耐磨和轻便功能 ·选用表面光洁滑爽、可防风沙的面料 ·袖口、下摆及头部设立抽绳，可以束紧以帮助避免风雪倒灌、防风保暖 ·衣内衬有羽绒、泡沫塑料片或丝绵等既轻又保暖的材料 ·设立胸前防水拉链或腋下拉链有利于散热 ·要求穿脱容易，使肩膀、手臂、膝盖不受任何压力，方便运动 ·口袋要多而大，并需有袋盖、纽扣、拉链，使口袋内的东西不致掉落 ·肩部、肘部及腰部等容易磨损的地方应采用耐磨、回弹性好的织物面料	户外登山、徒步

图 2-15　冲锋衣（左）和登山服（右）

　　帐篷，形状多种多样（图 2-16），注重防水、防风、透气、保暖和稳定性，其面料包括**外帐**（雨布）、**内帐**和**底帐**（地布）。帐篷**外帐**需要良好的防水性，以抵抗雨水的渗入，缝线部分也要贴上防水胶以增加防水性。常用的外帐材料有尼龙（聚酰胺纤维/锦纶）、帆布（牛津布）、TC（涤棉混纺）布、丝芙绸和 Gore-tex 面料。比较而言，尼龙防虫防霉，遇冻不硬化、质地柔软；帆布防水性强、隔热好，但质地较硬；丝芙绸表面光滑、透气性好；Gore-tex 面料高档，性能最好。

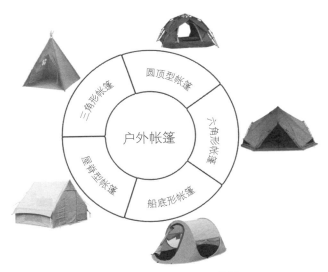

图 2-16　户外帐篷外形分类

2.3　凉感（冰爽）功能纺织品

2.3.1　凉感（冰爽）功能纺织品的定义

　　凉感（冰爽）功能纺织品是指纺织品通过热传导作用将热由高温处传导至低温处，使人体感觉舒适冰凉，体现为**接触瞬间凉感**或冰爽散热，即皮肤与低于其温度的织物接触瞬间，其表面热量快速流失、温度瞬间下降，形成凉爽感（图2-17）。通常，凉感或冰爽功能纺织品也具有吸湿排汗、速干的特性，从而帮助人体快速导出皮肤表面的水分（汗液）和热量，使人体感觉干爽和清凉。

凉感因子

图2-17　凉感（冰爽）功能纺织品

2.3.2　凉感（冰爽）功能纺织品的生产及分类

① 普通的凉感面料是如麻、丝绸等天然纤维做成的面料，天然纤维不规则的多边形截面和内部中腔结构可形成毛细现象，有助于加快汗液蒸发并吸收热量，使人体感觉凉爽舒适。另一类面料，利用织物表面的平整顺滑，增加织物与人体皮肤的接触面积，使散热速率更快，带来更明显的接触瞬间凉感。此两类凉感面料的吸湿排汗与凉感功能较弱。

② 采用凉感（冰爽）功能性纤维制备凉感（冰爽）面料或服装。一方面，采用异形截面（中空、十字形、三角形等）化学纤维或功能纤维，利用其毛细现象增强织物导湿排汗，由于异形截面加大了纤维的比表面积，加快了体表汗液向织物表面扩散和蒸发，凉爽舒适感更显著，如涤纶凉感面料和尼龙凉感面料，可用于运动服。另一方面，由于凉感功能纤维具有热导率大的特点，人体与此类纤维所制织物接触时热传导迅速，接触瞬间凉感明显。凉感功能纤维主要有**凉感（冰凉）玉石纤维**和**冰爽再生纤维素纤维**。凉感（冰凉）玉石纤维一般是在涤纶、锦纶或者黏胶纤维熔融纺丝过程中加入**玉石**（图2-18）、**麦饭石**、**云母**的纳米粉体，

利用这些物质的比热容小、热平衡快的特点加快吸热过程，在织物接触人体皮肤之后降低温度（一般为 1 ~ 2℃），产生凉爽感。再生纤维素纤维常见的有**莫代尔（Modal）**、**莱赛尔（Lyocell）**、**竹纤维**等，可以把皮肤表面的微量汗水很快地吸入并通过空气挥发，产生吸热效应使皮肤迅速感觉凉爽。市场上的"**冰丝**"是由黏胶纤维（人造丝 / 人造棉）、涤纶、锦纶（尼龙）等制成的凉感（冰爽）功能纤维的总称。

图 2-18　添加玉石粉末的凉感（冰爽）功能面料

③ 采用凉感整理剂对织物表面进行整理，通过提高热传导率来提高接触瞬间的凉感。其机理是凉感整理剂（如挥发性好的薄荷油、遇水发生吸热反应的木糖醇等）与纺织品接触皮肤后，由于整理剂的挥发或吸热会带走人体表皮的热量，从而使皮肤表面温度降低，产生凉感。这种方法的弊端是凉感持久性差，且随着洗涤次数的增加而降低。

④ 利用能吸收、存储和释放热量的潜热储能相变材料，在某一特定温度下通过物质的相态变化来实现能量的储存和释放，制备凉感功能纺织品。

2.3.3　凉感（冰爽）功能纺织品的评价与检测

凉感功能纺织品的产品标准有 FZ/T 73067—2020《接触凉感针织服装》和 FZ/T 62042—2020《凉感面料床上用品》，测试方法按

GB/T 35263—2017《纺织品　接触瞬间凉感性能的检测和评价》进行。在规定试验环境条件下，将温度高于试样规定温差的热检测板以一定压力与试样接触，测定热检测板温度随时间的变化，并计算热检测板与试样接触后热量传递过程中热流密度的最大值，即**接触凉感系数**（q_{max}）[单位为 J/（$cm^2 \cdot s$）或 W/cm^2]。接触凉感系数是用仪器模拟织物接触人体时单位面积的最大热量传递值，q_{max} 值越大表示皮肤感受到的凉感程度越强。GB/T 35263—2017 规定，接触凉感系数 $q_{max} \geqslant 0.15$ 即表示纺织品具有接触瞬间凉感性能。

FZ/T 73067—2020《**接触凉感针织服装**》将产品的凉感功能分为三个等级，即优等品服装的接触凉感系数（洗前和洗后）不小于 0.25，一等品服装的接触凉感系数不小于 0.20，合格品服装的接触凉感系数不小于 0.18。FZ/T 62042—2020《**凉感面料床上用品**》也是根据产品的接触凉感系数将其分为三个等级，A 级产品的接触凉感系数不小于 0.20、AA 级产品的接触凉感系数不小于 0.25，AAA 级产品的接触凉感系数不小于 0.30。由此可知，床上用品的接触凉感要求比服装要高。

2.3.4　凉感（冰爽）功能纺织品的应用

凉感面料的表面温度适宜、凉爽舒适，适用于内衣、衬衫等休闲服装，登山服、高尔夫服等运动服装以及床上用品等家用纺织品。

某公司利用萃取和纳米技术，将天然玉石粉加工成纳米级颗粒，添加至纺丝过程中制备出**冰玉凉感纤维**。该纤维具有异形截面（十字形、Y 形），纤维表面沟槽化增强了"芯吸效应"，赋予纤维高导热性能，一触即凉，拥有持续性凉感。

安踏联合杜邦公司于 2020 年推出一款以 A-Chill Touch 凉感面料制作的 T 恤（图 2-19）。该面料是基于杜邦 Sorona 纤维添加一定比例的超微粒玉石粉体（粒径 300 ～ 500nm）制成的，结合纤维的异形截面结构和导湿快特征，该面料同时具有瞬间凉感和排汗干爽的特性。厂家声称其可使体感温度下降 3 ～ 5℃，非常适宜作为夏季服装。

某公司采用天然玉石粉体、水合云母矿石粉体与锦纶全消光切片熔融共混制成了冰爽纤维、防紫外线纤维。这种复合矿石粉体可以使纤维吸热速率降低、散热速率加快，当纤维与体表皮肤接触时能产生 1 ～ 2℃

温度差的凉爽感，同时对紫外线具有反射、屏蔽和吸收功能。这两类纤维已应用到运动服、内衣、夏季服装、家纺（如凉席）等产品。

图 2-19　A-Chill Touch 凉感科技面料及 T 恤

2.4　拒水拒油功能纺织品

2.4.1　拒水拒油功能纺织品的定义

拒水拒油功能纺织品是指具有不被水滴和油类液体润湿特性的纺织品。前面已详述了疏水、拒水和防水的概念及区别。所谓**"三防"**（即防水、防油和防污）与**"拒水拒油"**的表述并不冲突，意思是相通的。通常具有拒水拒油性的纺织品，也具有一定的防污性，但因污物污染机理与水、油的润湿机理不同，因而另外介绍防污。

讨论物体的拒水拒油性能，涉及**"表面能"**（surface free energy，全称为表面自由能）和**"表面张力"**（surface tension）这两个概念。通俗地说，表面能是指增加物体表面积需对物体所做（施加）的功（或能量），单位为毫焦每平方米（mJ/m^2）；表面张力为克服物体表面收缩（即尽量缩小其表面积，如水形成水滴）而铺张开的力，单位为毫牛每米（mN/m）或达因每厘米（dyn/cm）。表面张力乘表面积即为表面能；表面张力越大，表面积越大，所具有的表面能也越大。表 2-9 列举了一些不同材料的表面张力。

表2-9 不同材料的表面张力（20℃/25℃条件下）

材料	表面张力/（mN/m）	材料	表面张力/（mN/m）
纤维素纤维	200	水	72.8
羊毛	45	80℃水	62
涤纶	43	雨水	53
锦纶	46	红葡萄酒	45
氯纶	37	牛乳、可可	43
聚乙烯纤维	31	一般油类	15 ~ 40

织物拒水（疏水）性能可用水－织物纤维表面的接触角（θ）来衡量。根据杨氏（Young）方程，有：

$$Y_{LG}\cos\theta = Y_{SG} - Y_{SL}$$

$$\cos\theta = \frac{Y_{SG} - Y_{SL}}{Y_{LG}}$$

式中，Y_{LG}为液气界面表面张力；Y_{SG}为固气界面表面张力；Y_{SL}为液固界面表面张力。

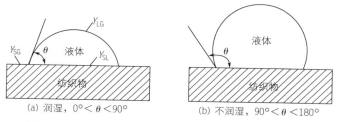

(a) 润湿，$0° < \theta < 90°$　　　　(b) 不润湿，$90° < \theta < 180°$

图2-20 液体（水滴）在固体织物上润湿与不润湿情况

当水接触到织物纤维表面时，水与纤维之间的亲水力（相互作用力）或水滴自身的重力大于（克服了）水的表面张力，使水表面积增加，表现为在纤维上铺张开，即为亲水性润湿过程（图2-20）。此时，水的表面张力（Y_{LG}）小于纤维的表面张力（Y_{SG}）（或者说水的表面能小于纤维的表面能），有 $Y_{SG}>Y_{SL}$，从杨氏（Young）方程可知 $\cos\theta$ 为正数，则 $\theta<90°$。同时，**润湿效率**与 $Y_{LG}\cos\theta$ 正相关，表明 θ 越小，液体越容易润湿固体。油类液体的表面张力比水小（表 2-9），因而更容易浸润到纺织物上。

反之，若纺织品需要拒水拒油功能，则通过技术处理使织物纤维表面能（表面张力）尽量降低到小于油类液体的表面能（表面张力），有 $Y_{SG}<Y_{SL}$，$Y_{SG}-Y_{SL}$ 为负，亦即 $\theta>90°$。因此，θ 越大（通常 $\geqslant 90°$），意味着液体在此织物纤维表面越难铺张开（亲水力不足以克服液体的表面张力，表现为疏水性），即液体越难润湿纤维表面，拒水拒油性能越好。化纤的表面张力普遍比天然纤维小（表 2-9），因而疏水性更好（亲水性更差）。从这个意义上来说，当 θ 为 120° ～ 150° 时，为良好的拒水拒油性；当 θ 大于 150°，为超拒水拒油性。亦可认为，当固体表面能 15 ～ 30mJ/m^2 时，固体具有较强拒水性；当固体表面能小于 15mJ/m^2 时，有较强拒油性。拒水拒油纺织品的具体评价与检测见后面内容。

简言之，当固体（纤维织物等）表面张力（Y_{SG}）小于液体表面张力（Y_{LG}）时，则不易被润湿，这就是疏水和拒水的原因。**拒水拒油**的机理就是通过一定技术使织物或服装的高能表面变为低能表面，使其表面张力比油类液体表面张力还小，拒油的同时自然也拒水。但拒水的织物不一定拒油，拒油整理的要求比拒水整理高。

2.4.2　拒水拒油功能纺织品的生产及分类

拒水整理和拒油整理可以是两种独立的处理方法，图 2-21 是织物拒水整理和拒油整理的区别。本部分介绍的拒水拒油功能是指纺织品同时满足拒水和拒油的功能。

拒水拒油纺织品的制备方法有很多，比如利用超细纤维或超疏水纤维材料的疏水拒水性制备，或使用拒水拒油整理剂对织物进行涂层覆膜整理，或利用等离子、溅射等表面处理技术以及纳米技术等使织物表面形成荷叶效应、花瓣效应等，赋予织物或服装拒水拒油性（表 2-10）。

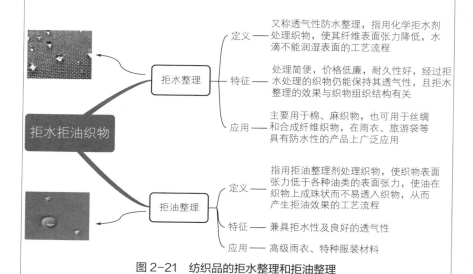

图 2-21　纺织品的拒水整理和拒油整理

拒水整理

定义 —— 又称透气性防水整理，指用化学拒水剂处理织物，使其纤维表面张力降低，水滴不能润湿表面的工艺流程

特征 —— 处理简便，价格低廉，耐久性好，经过拒水处理的织物仍能保持其透气性，且拒水整理的效果与织物组织结构有关

应用 —— 主要用于棉、麻织物，也可用于丝绸和合成纤维织物，在雨衣、旅游袋等具有防水性的产品上广泛应用

拒油整理

定义 —— 指用拒油整理剂处理织物，使织物表面张力低于各种油类的表面张力，使油在织物上成珠状而不易透入织物，从而产生拒油效果的工艺流程

特征 —— 兼具拒水性及良好的透气性

应用 —— 高级雨衣、特种服装材料

表 2-10　纺织品拒水拒油常用技术

常用技术	拒水拒油原理或方法	图例
荷叶效应	荷叶表面有大量凹凸结构，表面被一层拒水蜡状物质所覆盖。水珠将空气密封在表面的凹处，蜡状物质与空气之间的复合界面起疏水作用	
花瓣效应	花瓣的非光滑表面呈现出紧密的微乳突阵列结构，每个乳突顶部具有许多的纳米褶皱，层次化的微米/纳米结构具有拒水性	
使用超细纤维	超细纤维间的空隙介于水滴直径和水蒸气微滴直径之间，所制织物具有比较高的比表面积和微孔，对水滴有拒水性	

续表

常用技术	拒水拒油原理或方法	图例
使用超疏水材料	超疏水材料可以使水与材料接触角大于150°，表现为超强的拒水拒油性能	
纳米材料／技术	添加纳米粒子，或用等离子、PVD等纳米技术制得具有小尺寸效应、表面效应、量子隧道效应的拒水拒油纳米界面	

　　其中，采用拒水拒油整理剂对织物进行整理是较常用的方法，此方法将织物原来的高能表面变为低能表面，赋予其拒水拒油的功能。一般氧化物、硫化物、无机盐等材料为高能表面，容易被润湿；而有机物及高聚物多为低能表面，不易被润湿。常见的拒水整理剂主要有石蜡、有机硅类、有机氟类等，其产品特征及适用范围见表2-11。影响拒水拒油整理效果的因素，包括拒水拒油整理剂的性能及用量、整理工艺、添加剂和整理剂在织物表面的分布排列、织物清洁度、组织结构、所用纤维材料线密度等。

表 2-11　拒水拒油整理剂对比

拒水拒油剂分类	产品特征	适用范围
石蜡、铝盐	使用方便，成本低，不耐洗涤，拒水耐久性差	适用于纤维素织物，织物透气透湿性差，穿着舒适性一般，多用于工业用织物的拒水处理
有机硅类	工艺简单，拒水性好，拒油性差，拒水耐久性一般	适用于天然纤维及合成纤维织物，织物具有一定的干洗性和皂洗性，手感柔软
有机氟类	拒水拒油性好，耐水洗，耐干洗等	适用于各种纤维织物，织物手感柔软、透气透湿，但织物白度有所下降，不耐洗涤

续表

拒水拒油剂分类	产品特征	适用范围
新型含氟环保整理剂	拒水拒油性优良，毒性低，耐洗涤	适用于各种纤维织物

2.4.3　拒水拒油功能纺织品的评价与检测

拒水拒油纺织品性能测试分为拒水性能测试和拒油性能测试。其中，拒水性能测试包括**淋水性能（沾水性）测试**和**抗水润湿性测试（拒水实验）**。

根据 GB/T 4745—2012《**纺织品　防水性能的检测和评价　沾水法**》进行沾水性测试，此项测试与防水透湿功能纺织品的测试相同，适用于经过或未经过防水整理的织物，但不适用于测定织物的渗水性（防雨渗透性能）。而如果考虑对淋雨、耐水压等有压力的防水性，则参照前述的防水透湿功能纺织品的评价与检测方法进行。

拒水试验，是采用一系列具有不同表面张力的水/醇溶液测定织物的拒水溶液性能的方法。根据 GB/T 31906—2015《**纺织品　拒水溶液性　抗水醇溶液试验**》和 GB/T 24120—2009《**纺织品　抗乙醇水溶液性能的测定**》，拒水等级以没有润湿试样表面的最高编号表示，等级越高则拒水性能越好（表2-12）。此标准适用于比较同一基布经过不同方式整理后的拒水效果，可用于测定水洗和/或干洗处理对试样拒水性的影响。

表 2-12　GB/T 31906—2015 试液及对应拒水等级

试样编号	水∶异丙醇（体积比）	25℃时表面张力/（dyn/cm）
0	无（未通过98%含水测试液）	—
1	98∶2	59.0
2	95∶5	50.0
3	90∶10	42.0
4	80∶20	33.0
5	70∶30	27.5

试样编号	水：异丙醇（体积比）	25℃时表面张力 / (dyn/cm)
6	60：40	25.4
7	50：50	24.5
8	40：60	24.0

注：1dyn/cm=1mN/m。

　　拒油性能测试，采用一系列具有不同表面张力的液态碳氢化合物（标准液）对织物表面进行润湿，观察润湿、芯吸和接触角的情况来评估织物拒油性能。根据 GB/T 19977—2014《纺织品　拒油性　抗碳氢化合物试验》，以没有（或不能）润湿试样的最高试液编号来表示拒油等级，等级越高则拒油性能越好（表 2-13）。

表 2-13　GB/T 19977—2014 试液及对应拒油等级

组成	试液编号	密度 / (kg/L)	25℃时表面张力 / (N/m)
白矿物油	1	0.84 ～ 0.87	0.0315
白矿物油：正十六烷 =65：35（体积比）	2	0.82	0.0296
正十六烷	3	0.77	0.0273
正十四烷	4	0.76	0.0264
正十二烷	5	0.75	0.0247
正癸烷	6	0.73	0.0235
正辛烷	7	0.70	0.0214
正庚烷	8	0.69	0.0198

　　本标准适用于比较同一基布经不同整理剂整理后的拒油效果，也可用于测定水洗和干洗处理对试样拒油性能的影响，但是不适用于评定试样抗油类化学品的渗透性能（表 2-14）。

表 2-14　GB/T 19977—2014 对拒油织物的等级及评价

适用对象	拒油等级	评价
拒油织物 （原试样）	≥ 6 级	具有优异的拒油性能
	≥ 5 级	具有较好的拒油性能
	≥ 4 级	具有拒油性能
耐水洗拒油织物 （水洗后试样）	≥ 5 级	具有优异的拒油性能
	≥ 4 级	具有较好的拒油性能
	≥ 3 级	具有拒油性能
耐干洗拒油织物 （干洗后试样）	≥ 5 级	具有优异的拒油性能
	≥ 4 级	具有较好的拒油性能
	≥ 3 级	具有拒油性能

　　机织类拒水拒油功能纺织品可以参考 GB/T 21295—2014《**服装理化性能的技术要求**》的规定，拒油等级不小于 4 级，正常 3 级以下为不合格。其他类纺织品参照后自定要求。

2.4.4　拒水拒油功能纺织品的应用

　　拒水拒油织物或服装，可以用于油田、矿井等接触油水介质频繁的工人的劳动保护服装、运动服、防水的风衣、雨衣、家具布、桌布、围裙（图 2-22）、汽车防护罩、旅行包、旅行装、帐篷，以及部分军用织物及其他有拒水拒油要求的纺织品。

图 2-22　具有拒水拒油功能的家用围裙（左）和厨师服（右）

2.5　防污（易去污）功能纺织品

2.5.1　防污（易去污）功能纺织品的定义

防污（易去污）功能纺织品是指使用过程中不容易被污物沾污或者被污物沾污后容易去除的纺织品。衣服（织物）在使用过程中，可能有许多途径和原因被各种污物沾污，见图2-23。

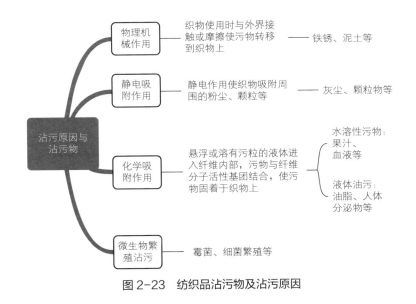

图2-23　纺织品沾污物及沾污原因

防污（易去污）分**耐沾污**和**易去污**两种情况。耐沾污是不容易被污物沾污，一般指具有**防水、防油、防污**的"三防"功能，表现为对污物的抵抗能力；易去污是指面料沾污后极易清洗，着重考虑去除污物的能力或者清洁、清洗的容易度。前者是预防，后者是处理。在生产生活实际中，两者存在一定的相对性，比如防污（耐沾污）织物虽然不容易沾污，但一旦沾污后更难以去污。

2.5.2 防污（易去污）功能纺织品的生产及分类

织物实现防污功能的途径分为**防油污整理**、**易去污整理**和**抗静电整理**。织物的防污整理类型如图 2-24 所示。

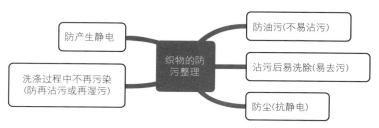

图 2-24 织物防污整理类型

① 防油污整理，即提高拒水拒油防污能力，这跟前述的拒水拒油功能纺织品的开发方法一样，主要是降低织物或纤维的表面能使之不容易沾污，以及采用预先使用化学品占领易沾污部位的方式以达到防污目的，可采用的方法包括**上浆法**、**薄膜法**、**纤维化学改性法**等。

② 易去污整理，又称脱油污整理，即通过亲水性防污整理，降低纤维表面临界张力，使织物上的污垢容易脱落，并防止洗涤过程中的污垢再次污染织物。易去污整理剂大多是既有亲水性又有亲油性的两性化合物，整理机理通常包括在纤维表面进行化学反应（接枝、水解、酯交换和氧化反应等）、纤维表面对两亲化合物单分子的耐久性整理吸附作用、易去污聚合物对纤维进行涂层等。

防污整理和易去污整理二者在作用机理上存在一定的区别甚至矛盾，在"三防"整理剂和易去污整理剂的选型及二者的用量上需要调配合理，兼顾二者的指标需求，如对含聚酯纤维的织物使用的阴离子型整理剂和含聚氧乙烯基的非离子型整理剂、对棉型织物使用的氟碳类拒水拒油及易去污整理剂等。根据防污的时效性，防污整理剂分类如表 2-15 所示。

表 2-15　织物防污整理剂分类

防污整理剂分类	防污整理剂
暂时性	铝、硅和钛的氧化物，淀粉和淀粉衍生物，等等
半耐久性或耐久性	羧甲基纤维素，磷酸衍生物，环氧乙烷缩合物，聚丙烯酸类，有机氟化物，等等

2.5.3　防污（易去污）功能纺织品的评价与检测

防污性能测试可分为**耐沾污**测试和**易去污**测试两种。其中，**耐沾污**测试又分固态沾污法和液态沾污法，应用 GB/T 30159.1—2013《**纺织品　防污性能的检测和评价　第 1 部分：耐沾污性**》进行评价。**固态沾污法**是通过固态污物与纺织品之间的物理机械作用，使两者充分接触后，检测和评定污物沾到纺织品上的程度。**液态沾污法**是通过观察水溶性和油溶性污物在纺织物表面上的接触角和芯吸情况来评定其耐沾污性（即测试拒水拒油性）。采用固态沾污法测试，试验结果的色差级数为 3 ～ 4 级及以上时，认为样品具有耐固态污物沾污性。液态沾污法测试的结果为 3 ～ 4 级及以上，则认为具有耐液态污物沾污性。

图 2-25　FZ/T 01118—2012 易去污性检测示意图

　　易去污测试可采用洗涤法（滴污法）或擦拭法（摩擦沾污法），应用 FZ/T 01118—2012《**纺织品　防污性能的检测和评价　易去污性**》进行评价（图 2-25）。**洗涤法**是将一定量的污物施加在纺织品上，保留一定时间，在规定条件下进行洗涤晾干后，评定污物被去除的程度，得到织物的**易去污性能等级**。**擦拭法**是将一定量的污物施加在纺织品上，保留一定时间，在规定条件下使用干净织物擦拭纺织品表面上的污物，将其与变色沾色样卡对比，评定污物被去除的程度。当织物的初始色差等于或低于 3 级、试验色差为 3 ~ 4 级及以上，或者初始色差等于或高于 3 ~ 4 级、试验色差高于初始色差 0.5 级及以上时，评价为具有易去污性。

　　根据 GB/T 21295—2014《**服装理化性能的技术要求**》对于"三防"织物（服装）的规定，其表面拒水性能、拒油性能和易去污性能需满足表 2-16 所示要求。

表 2-16　GB/T 21295—2014 对"三防"功能纺织品的性能要求

项目	性能要求
拒水性能	≥ 4 级
拒油性能	≥ 4 级
易去污性能	≥ 3 ~ 4 级，本白及漂白产品可降低半级

2.5.4　防污（易去污）功能纺织品的应用

　　某款"三防"服装 [图 2-26（左）] 具有优异的"三防"功能，这是由于对面料进行了纳米材料拒水拒油整理，表现为良好的防水防油性能，而且还可防墨水、果汁等污染。

　　鸿星尔克推出的一款小白鞋 [图 2-26（右）] 利用仿鲨鱼皮的微结构，结合鲁道夫的纳米防污处理技术，在鞋子表面形成一层防污（易去污）的涂层，使其在穿着过程中不易沾污，且沾污后很容易洗去，避免了白鞋不耐脏、清洗麻烦的问题。

　　鲁丰织染有限公司研发了一款防污、消臭、易打理的衬衫（图 2-27）。其面料以再生涤纶与优质棉混纺纱为原料，采用无甲醛树脂、环保型无氟易去污助剂以及高效银离子抗菌剂进行功能整理。该面料免烫性为 3.5 级；易去污性达到 3 级；抗菌率达到 99% 以上。

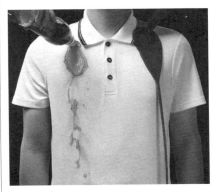

图 2-26　某款"三防"服装（左）与防污（易去污）鞋子（右）

图 2-27　防污（易去污）衬衫

2.6　抗皱（免烫）功能纺织品

2.6.1　抗皱（免烫）功能纺织品的定义

抗皱（免烫）功能纺织品是指经洗涤干燥后能满足尺寸稳定性、外观平整度、褶裥保持性和接缝外观等要求的纺织品（图 2-28）。抗皱与防缩、免烫（洗可穿）以及耐久压烫等相关联，在概念和机理上有相似的地方，但在具体检测方法和评价指标上可能稍有不同。大体上，**抗皱（免烫）**可分为**防缩抗皱**和**耐久压烫**两类。

图 2-28　抗皱（免烫）面料

对于没有褶裥、折痕或洗涤干燥后不要求保持褶裥的产品（如内衣和休闲装等），免烫的含义仅是**防缩抗皱**，是指纺织品在使用过程中，经多次洗涤不需熨烫或只需轻微熨烫，即可保持满意的尺寸稳定性、平整度和接缝外观。

对于洗涤干燥后要求保持褶裥的产品（如裙子、裤子等），免烫的含义就是**耐久压烫**，是指服装和纺织制成品使用后经多次洗涤仍可恢复到适于穿着或使用状态的性能。耐久压烫性除了对尺寸稳定性、平整度和接缝外观的要求以外，还要求褶裥外观的保持性。衬衫、礼服裙等产品要求具备免烫性能，以方便消费者日常维护。

对于服装成品则可能既是防缩抗皱产品，又是耐久压烫产品，或者说同时有这两方面的功能。

2.6.2　抗皱（免烫）功能纺织品的生产及分类

纺织品的**抗皱（免烫）整理**，是将面料浸轧于交联整理剂中，然后再经过烘干、焙烘工序使得整理剂与纤维发生交联，交联后的纤维因为纤维大分子间的移动被束缚住了，所以就不容易产生皱痕。抗皱（免烫）

整理的实质是提高纺织品形态的稳定性，在提高抗皱性的同时往往也会产生防缩作用和免烫作用，常见的有**树脂交联整理**、**液氨整理**、**甲醛蒸气熏蒸**等处理方法，如图 2-29 所示。

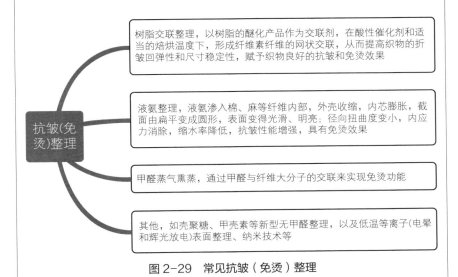

图 2-29　常见抗皱（免烫）整理

随着纺织技术和化工技术的发展，织物的**抗皱（免烫）整理**经历了**防缩抗皱整理**、**洗可穿（免烫）整理**、**耐久压烫整理**、**无甲醛整理**、**多元化整理**等 5 个阶段，见图 2-30。目前，这些抗皱（免烫）整理技术在一定程度上还并存着，适用于不同的需求。

2.6.3　抗皱（免烫）功能纺织品的评价与检测

通常情况下，通过测试面料的**折皱回弹性**和**柔软度**两个指标间接表征抗皱性。折皱回弹性通过织物折皱弹性仪来测定，测试的是一定正压力下经过一定时间之后织物的折皱回复角 [用 WRA（wrinkle recovery angle）或 CRA（crease recovery angle）表示]。折皱回复角越大，回弹性越高，抗皱性越好。柔软度通过织物风格仪来测试，柔软度大则抗皱性好。

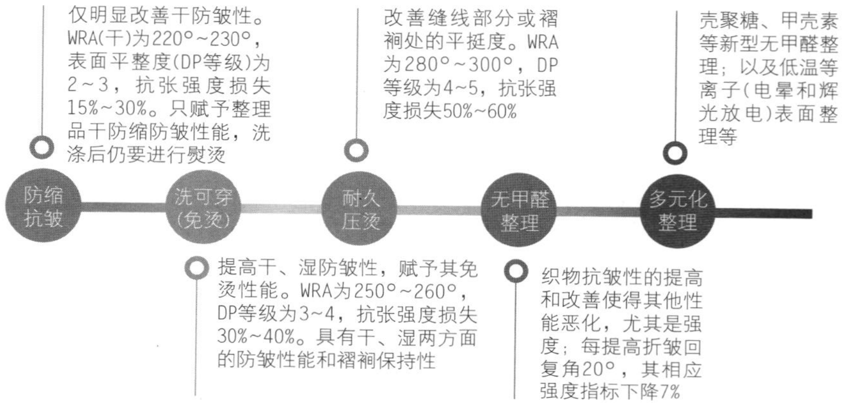

仅明显改善干防皱性。WRA(干)为220°~230°，表面平整度(DP等级)为2~3，抗张强度损失15%~30%。只赋予整理品干防缩防皱性能，洗涤后仍要进行熨烫

改善缝线部分或褶裥处的平挺度。WRA为280°~300°，DP等级为4~5，抗张强度损失50%~60%

壳聚糖、甲壳素等新型无甲醛整理；以及低温等离子(电晕和辉光放电)表面整理等

防缩抗皱 —— 洗可穿(免烫) —— 耐久压烫 —— 无甲醛整理 —— 多元化整理

提高干、湿防皱性，赋予其免烫性能。WRA为250°~260°，DP等级为3~4，抗张强度损失30%~40%。具有干、湿两方面的防皱性能和褶裥保持性

织物抗皱性的提高和改善使得其他性能恶化，尤其是强度；每提高折皱回复角20°，其相应强度指标下降7%

图2-30 织物的抗皱（免烫）整理发展阶段

GB/T 3819—1997《纺织品　织物折痕回复性的测定　回复角法》、AATCC 66—2018《机织物折皱回复角法》和ISO 2313-1（2）：2021《纺织品　通过测量折皱角度测定织物折皱试样的折皱回复率》提供了折皱回复角的测试方法和标准。国内最新标准T/CNTAC 65—2020《纺织品　织物折皱回复性的测定　动态回复角法》则以折皱回复指数表示折皱回复性。一般而言，未整理棉织物的WRA约为150°～160°，一般防皱整理织物约为220°～230°，洗可穿整理织物约为250°～280°，耐久压烫整理织物约为280°～300°。

主观判断上，用**外观平整度**（smoothness appearance，SA）、**接缝外观**（single and double needle seams，SS）和**褶裥外观**（crease replicas，CR）三个指标表示**耐久压烫**（DP）**等级**。根据AATCC 124（AATCC Test Method 88C）标准，**外观平整度**（SA）分1、2、3、3.5、4、5级共6级（图2-31）；**接缝外观**（SS）分1、2、3、4、5级共5级；**褶裥外观**（CA）分1、2、3、4、5级共5级。以上三个指标的级数越高，外观越平整、抗皱性越好。

以上三个指标的评级，根据需要分洗前测试和洗后测试两种情况。洗前测试，将试样直接与对应的标准分级样进行对比；而洗后测试，则需对试样进行规定次数的洗涤，烘干后的样品再与分级标样进行对比，

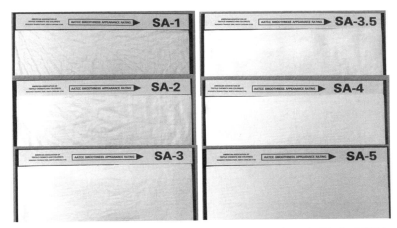

图 2-31　AATCC 124（88C）规定的外观平整度（SA）分级标准样照

然后评定相应等级。测试的方法标准见表 2-17。

表 2-17　抗皱（免烫）纺织品相关测试标准（部分）

标准编号与名称	指标
GB/T 13769—2009《纺织品　评定织物经洗涤后外观平整度的试验方法》	外观平整度
GB/T 13770—2009《纺织品　评定织物经洗涤后褶裥外观的试验方法》	褶裥外观
GB/T 13771—2009《纺织品　评定织物经洗涤后接缝外观平整度的试验方法》	接缝外观
AATCC 124—2014《织物经多次家庭洗涤后的外观平整度》	外观平整度
ISO 7768:2009（E）《纺织品　洗涤后织物外观平整度的评定方法》	外观平整度

国家标准 GB/T 18863—2002《**免烫纺织品**》，主要考核洗后**外观平整度、接缝外观、褶裥外观**，其中纤维素纤维及其混纺交织免烫产品的免烫（包括防缩抗皱和耐久压烫）性能要求按表 2-18 执行。即对防缩抗皱纺织品，经 5 次洗涤干燥后，要求外观平整度 ≥ 3.5 级、接缝外观 ≥ 3 级、尺寸变化率为 -3% ~ 3%；对耐久压烫纺织品，经 5 次洗涤干燥后，除符合以上要求外，还要求褶裥外观标准 >3 级。蚕丝及

其混纺交织免烫产品则只考虑洗涤干燥后外观平整度和水洗尺寸变化率，标准同纤维素产品。

表 2-18　GB/T 18863—2002 对免烫纺织品的性能要求

质量指标	标准值	备注
洗涤干燥后外观平整度	≥ 3.5 级	
洗涤干燥后接缝外观	≥ 3 级	洗涤干燥 5 次后评定
洗涤干燥后褶裥外观	≥ 3 级	
水洗尺寸变化率	-3% ~ 3%	服装标准有规定的，按其标准

2.6.4　抗皱（免烫）功能纺织品的应用

市场上的免烫防皱纺织品有衬衫（图 2-32）、裤料、工作服等服装以及床单、枕套、窗帘、台布等日用纺织品。例如，某公司将 100% 纯棉面料的防皱性提高至 4.0 级，经多次洗涤后，衬衫的保形性仍然良好。其原理是将免烫整理剂均匀地渗入了面料和纱线深处，并成功附着、交联成网状，经多次洗涤仍能较好地保持衬衫的免烫性，即具有较好的弹性、较大的折皱回复角和良好的尺寸稳定性。

图 2-32　某防皱免烫衬衫

第 3 章

安全防护功能纺织品

安全防护功能纺织品是在日常生活与工作中为防护人们（或物体）免受各种危险因素伤害而使用的一类功能性纺织品。详细的各种分类如图 3-1 所示，下面主要以功能性分类进行详细介绍。

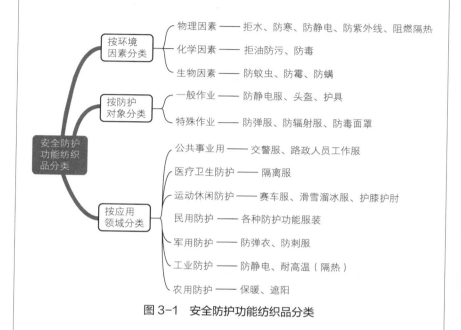

图 3-1　安全防护功能纺织品分类

需要说明的是，在表述时，有些地方表述为"防"，有些地方表述为"抗"或"拒"，三者的意思请注意分辨，有些概念可能一致，也有些有区别。如"防静电"等于"抗静电"，两者一致；但"防水"与"拒水"有稍许区别（第 2 章已介绍），相应地方会有详述。

另外，为了表述方便和方便归类，医疗卫生防护用的隔离服装、防弹与防刺纺织品等，安排在第 5 章（产业用功能纺织品）进行介绍。

3.1 保暖防寒功能纺织品

3.1.1 保暖防寒功能纺织品的定义

　　一般服装均有遮体和保暖的基本功能。这里提到的**保暖防寒功能纺织品**指的是保暖效果突出，可以用于防寒甚至防极寒的功能纺织品。如**保暖防寒服**（又称冷气候服），是指在 10℃以下（防极寒要求温度在 -40 ~ -10℃且有大风）的冷环境中可有效维持人体代谢湿热平衡、减缓人体热量损失的防护服装。

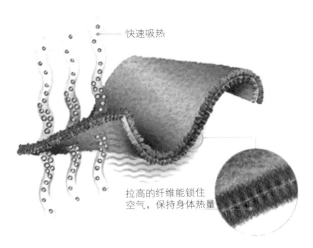

快速吸热

拉高的纤维能锁住空气，保持身体热量

图 3-2　保暖防寒示意图

　　外界环境中的**温度**、**湿度和风速**这三大因素直接影响着人体的冷暖感知，其中温度影响最为明显。人体一部分热量通过服装 – 人体间隙与服装内部空气对流产生**热传导**发生转移，一部分热量通过**热辐射**方式转移。因此，纤维材料的导热性、纤维间能"锁住"的空气量直接影响服装的保暖性（图 3-2），可以通过采用异形纤维或者织物的多层结构来增加蓬松度、减少空气流通、降低热传导，从而达到较好的保温效果。

3.1.2　保暖防寒功能纺织品的生产及分类

保暖防寒服通常为多层结构，包括具有防风、防雨、防水等防护性能的外层，具有保暖、调湿、产热的中间层以及柔软、舒适、透气的内层。从保温的方式（机理）分类，保暖防寒服可分为**消极式（或被动式）**和**积极式（或主动式）**两种。

消极式保暖防寒服，借由衣物内凝滞（静止）空气或铝涂布反射等方式阻止（阻隔）人体热量散失，增大"人体－服装－外环境"整个系统的热阻，达到保温防寒效果。其保暖防寒性能主要与面料（服装）的**材料性能**（导热性、吸湿性）**和结构**（厚度、密度、蓬松度、层数等）有关。使用热导率越小的材料，产品的导热性越低，绝热性或保暖性越高。消极式保暖防寒服厚重或体积大，影响美观性和舒适性，使用一段时间后保暖性可能会因为空气层的变化而下降。

积极式保暖防寒服，通过特殊材料或发热机构将外界热量吸收、储存、向人体散发。采用各种**发热保暖纤维**，如**远红外线发热纤维**、**电发热纤维**、**化学反应发热纤维**、**吸湿发热纤维**、**光热转换纤维**等，可以加强保暖效果。例如，电发热纤维因含有电热材料，可使电能转化为热能；化学反应发热纤维通过加入化学物质，利用放热化学反应将化学能转化成热能；吸湿发热纤维则可在吸收人体释放出的水分后将热能释放出来。也可利用相变材料或自主式充气调温方式实现积极式或调节式保暖。将相变调温物质以微胶囊技术嵌入到纤维中，在遇热时变成液体并吸收热量，降温或寒冷时则变成固体并释放热量，从而起到调节温度的作用。相比消极式保暖防寒服，积极产热的防寒服可通过发热元素（机件）实现对人体的主动加热，具有动态可调节性，提高了美观舒适性。图 3-3 所示为消极保暖与积极保暖的对比；图 3-4 为常用于保暖防寒面料的纤维及其主要特点。

3.1.3　保暖防寒功能纺织品的评价与检测

保暖防寒功能纺织品的性能评价围绕发热性能、舒适性能、物理力学性能等进行。保暖性的评价方法包括**平板法**、**蒸发热板法和暖体假人法**。

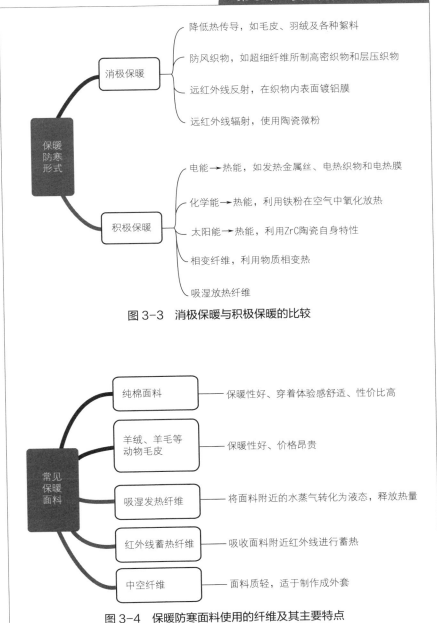

图 3-3　消极保暖与积极保暖的比较

图 3-4　保暖防寒面料使用的纤维及其主要特点

其中，平板法和蒸发热板法适用于织物和半成品，不能全面反映服装成品的保温性；蒸发热板法测试时一般厚度不能超过30mm，不适用于较厚的羽绒服或羽绒睡袋；暖体假人法适用于羽绒服等成衣，又可模拟穿着环境，是较好的测试方法。

不同环境条件下对不同保暖防寒服装的保暖性能指标要求不同，国内常用的测试标准和产品标准如表3-1所示。

表3-1 保暖防寒服性能检测标准（部分）

标准编号及名称	适用范围
GB/T 18398—2001《服装热阻测试方法　暖体假人法》	各类服装
GB/T 13459—2008《劳动防寒服　防寒保暖要求》	防寒服
FZ/T 73022—2012《针织保暖内衣》	保暖内衣
FZ/T 73016—2013《针织保暖内衣　絮片型》	保暖内衣
GB/T 35762—2017《纺织品　热传递性能试验方法　平板法》	各类纺织品及其制品
GTTC/GF TM 006—2018《服装保温性能测定　假体法》	成人上装
GB/T 11048—2018《纺织品　生理舒适性　稳态条件下热阻和湿阻的测定（蒸发热板法）》	各类纺织品

针对**热温舒适性（热湿平衡）**，主要测试隔热值[**克罗值** ❶（相对热阻，clo）、**热阻（m²·K/W）**、**热导率、保暖/保湿率**]、透气性和防水渗透等级等指标，有些需要在暖体假人上或人体穿着进行测试（表3-2）。

表3-2 暖体假人与人体穿着测试

测试方法	测试原理	优缺点
暖体假人实验	测量暖体假人的皮肤温度、织物热阻和加热功率，模拟人体与环境之间的热交换，来表征防寒服的发热性能和舒适性	实验效率高，结果稳定，重复性好，能够表征极端环境且安全；但精确度低

---

❶ 克罗值是描述服装或织物隔热保暖性能，即"热阻"的工程单位。1clo=0.155m²·K/W。

续表

测试方法	测试原理	优缺点
人体穿着试验	监测受试者皮肤表面温湿度、体温、衣下环境温湿度、身体含热量变化等指标和主观舒适感指标	具有直观性;但受个体差异的影响较大,结果误差大,无法表征极端环境

纺织材料的绝热率与试样厚度有关,试样愈厚,单位时间内散失的热量愈少,绝热率就愈大。常使用**克罗值(相对热阻)**来表示织物隔热性能,克罗值越大衣服越隔热。克罗值(clo)的定义:一个人静坐(基础代谢为 $58W/m^2$)在室温(21℃)、相对湿度不超过 50%、空气流速 $\leq 0.1m/s$(相当于有通风设备的室内正常气流速)的环境下感到清爽舒适时,所穿衣服的相对热阻值(保温值)为 1clo。而**热阻**,是指织物或服装两面的温差与垂直通过试样的单位面积热流量之比,单位为 $m^2 \cdot K/W$。一般而言,男用西装料约 0.49clo,冬季穿绅士服整体约 1clo,女性套装布料约 0.63clo。

表 3-3 ANSI/ISEA 201—2012《冷环境下保暖服装分级》

级别	相对热阻 /clo
6	$\geqslant 3.50$
5	3.00 ~ 3.49
4	2.50 ~ 2.99
3	2.00 ~ 2.49
2	1.50 ~ 1.99
1	0.75 ~ 1.49

ANSI/ISEA 201—2012《冷环境下保暖服装分级》按相对热阻大小对冷环境下保暖服装进行分级,级别超高越保暖,见表 3-3。GB/T 13459—2008《劳动防寒服 防寒保暖要求》的技术指标见表 3-4,测试按 GB/T 18398—2001《服装热阻测试方法 暖体假人法》执行。

表 3-4　GB/T 13459—2008《劳动防寒服　防寒保暖要求》的技术指标

服装气候区	综合温度 T_{syn} 限值范围 /℃	总保暖量要求 /clo
V（高寒区）	$T_{syn} \leqslant -25$	6.5
IV（寒区）	$-25 < T_{syn} \leqslant -15$	5.5
III（温区）	$-15 < T_{syn} \leqslant -5$	4.6
II（亚热区）	$-5 < T_{syn} \leqslant 5$	3.7
I（热区）	$T_{syn} > 5$	2.8

对于羽绒服，GB/T 14272—2021《羽绒服装》中仅通过羽绒的绒含量和蓬松度来表征其保暖性，并未对羽绒服装的整体保暖性进行考核。虽然羽绒服装的保暖性主要取决于羽绒填充物，但面料、款式、结构等的影响也不容忽视。对于**羽绒睡袋**，国际上采用暖体假人的方法进行保暖性评价，适用 ISO 23537—1：2016《睡袋要求　第 1 部分：保暖和尺寸要求》，ISO 23537—2：2016《睡袋要求　第 2 部分：织物和材料性能》。

3.1.4　保暖防寒功能纺织品的应用

保暖防寒功能纺织品的具体应用有多种，包括保暖防寒用服装、头套、手套、鞋以及其他保暖防寒产品。其中，保暖防寒服按用途可分为**民用保暖防寒服**、**军用保暖防寒服**和**特种用途保暖防寒服**，民用保暖防寒服又有保暖内衣、棉服、羊毛大衣和羽绒服等。

棉服，由于棉纤维吸湿后容易发硬，影响舒适性及保暖性，因此聚酯短纤维已经取代纯棉纤维而被广泛用于棉服、被褥等的填充。聚酯短纤维具有良好的蓬松性和回弹性，可以存储大量静止空气，因而保暖性好，回潮率低，容易干燥，应用广泛。

羽绒服（图 3-5），比棉服更轻便，保暖更好。其填充料是保暖性较好的羽绒（绒含量大于或等于 50%）。绒包括绒朵、未成熟绒、类似绒、损伤绒。绒朵由很多细小的绒丝组成，呈朵状的立体结构。一般来讲，绒朵越大，绒丝与绒丝之间、绒朵与绒朵之间可以锁住的空气越多，使得羽绒服的热阻越高，达到更好的保暖效果，所以鹅绒比鸭绒的保暖效果更好。**充绒量、含绒量和蓬松度**是衡量羽绒服品质的主要指标。

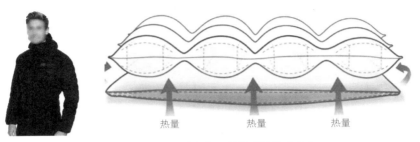

图3-5 羽绒服（左）及其保暖结构（右）

睡袋（图3-6），保暖性好、便携，在恶劣环境中防风、防水、防雪，有一定的透气能力。睡袋常通过多层结构加表层面料整理来制作。其**外层**，为防风且防水性能好的面料，可选用涂层法或层压法防水透湿材料；**中间层**，主要体现保暖性，可用抓毛摇粒绒织物（由织物反面绒毛层、织物组织层、织物正面摇粒层组成）或羽绒面料，各层纤维之间的间隙可夹持大量静止空气作为隔热介质，使保暖性能良好。另有采用了充气技术的新型睡袋，通过气泵向睡袋内充气，可调整空气层厚薄从而调节温度。

图3-6 睡袋

以上的棉服、羽绒服等**防寒服**，通常里层为采用各种保暖材料做成的保暖层，外层为防风、防水透湿的面料。其最关键的是保暖材料，一些新型的保暖隔热材料已在防寒服上得到良好应用，如太空棉和气凝胶。**太空棉**（又称金属棉、铝箔棉、服装用宇航棉）是一种以非织造布为基底，复合铝或钛合金材料制成的具有很强的热反射作用（或隔热作用）的片状材料。太空棉制作的服装，能把人体的外辐射热能反射回来，从而达到良好的保暖作用。**气凝胶**是隔热性能最佳、最轻的固体，因其隔热、保暖、质轻、耐环境性等优点，有望广泛应用到保暖防寒服中。

3.2 耐高温（阻燃）功能纺织品

3.2.1 耐高温（阻燃）功能纺织品的定义

纺织品燃烧的过程大致分四个阶段，包括加热、热裂解、挥发和氧化（图3-7）。**耐高温（阻燃）功能纺织品**是指在接触火焰或炽热物体后，能防止自身被点燃或者燃烧过程中能显著延缓自身燃烧速率，并在离开火源后迅速自熄，不释放有毒气体或烟雾的功能纺织品。

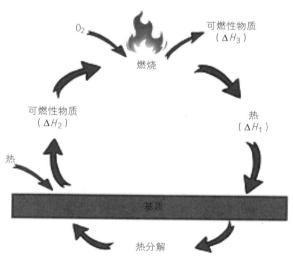

图3-7 纺织品燃烧过程

耐高温（阻燃）功能纺织品从阻燃机理来说，主要有几种：一是覆盖隔断阻燃，阻燃剂受热发生熔融现象，形成玻璃状覆盖层，隔断外界氧气进入，同时阻止可燃性气体向外界扩散，达到对纤维的覆盖保护作用；二是释放不燃性气体阻燃，阻燃剂吸热分解后释放出不燃性气体，将可燃性气体稀释到燃烧浓度以下；三是吸热阻燃，阻燃剂在受热时发生吸热分解反应，如相变或脱水、脱卤化氢等，使纤维迅速散热，达不到燃烧温度；四是催化脱水阻燃，主要指改变纤维的热裂解过程，发生脱水，阻止可燃物质产生；五是熔滴阻燃，形成熔滴，降低熔融温度，离开燃烧体；六是吸收游离基阻燃，阻燃剂作为游离基的转移体，使它们失去活性，阻止游离基反应进行。

3.2.2　耐高温（阻燃）功能纺织品的生产及分类

结合前述的阻燃机理可以进行耐高温（阻燃）功能纺织品的制备。制备方法主要有利用阻燃功能纤维进行织造、直接对织物进行阻燃后整理或两种方法结合等，如图 3-8 所示。

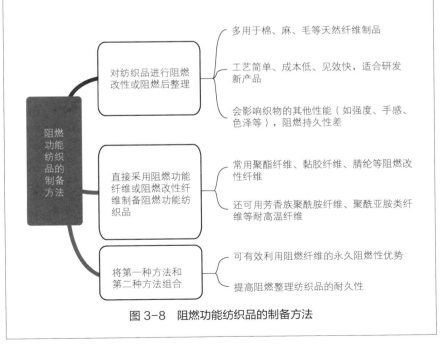

图 3-8　阻燃功能纺织品的制备方法

其中，常用的方法是阻燃剂整理法，在纺织品后整理过程中对织物进行浸轧焙烘、涂布、接枝改性、微胶囊技术、表面改性等处理，使阻燃剂固着在织物上，从而获得阻燃效果。常见的阻燃剂有卤系、磷系、氮系、硼系、硅系以及新型阻燃剂等。

制备阻燃功能纤维时，提高成纤高聚物的热稳定性，可提高裂解温度，抑制可燃气体的产生，增加炭化程度，使纤维不易着火燃烧。或者在加工纤维过程中加入化学添加剂，以吸附沉积、化学键结合、非极性范德瓦耳斯力结合或黏结作用使阻燃剂固着在织物或纱线上，以获得阻燃效果。部分阻燃纤维及其特性，见表 3-5。

表 3-5　部分阻燃纤维及其特性

名称	极限氧指数 /%	备注
阻燃黏胶纤维	25 ~ 32	制备方法有共聚改性、共混改性、热氧化法；热氧化法是用于腈纶的特有方法
阻燃聚丙烯腈纤维（腈纶）	>26	
阻燃聚乙烯醇纤维（维纶）	>26	维纶本身容易燃烧
阻燃聚酯纤维（涤纶）	>26	产量高
阻燃聚丙烯纤维（丙纶）	>26	丙纶的工业应用广泛
阻燃聚酰胺纤维（锦纶）	>26	高强、耐磨、弹性好、易染色
阻燃聚芳酰胺纤维（芳纶）	26 ~ 30	不同组成和结构的芳纶，耐热、阻燃性不同
聚苯并咪唑纤维（PBI）	>41	阻燃、耐高温、耐磨、耐化学品、穿着舒适
聚苯硫醚纤维（PPS）	>36	耐热、耐化学品

3.2.3　耐高温（阻燃）功能纺织品的评价与检测

纺织品的阻燃性能常用两种方法评价，一是评价织物的**燃烧速率**（包括点燃难易性及火焰表面传播速度），即采用规定测试方法将织物与火焰接触一定时间后移除火焰，观察面料继续有焰燃烧和无焰燃烧的时间、被烧损的程度；二是广泛采用**极限氧指数**（limit oxygen index, LOI）来表征纺织品的可燃性。LOI 是指试样在氧气和氮气的混合气体中，维持完全燃烧状态所需的最低氧气体积分数。LOI 值愈大，燃烧时所需氧气的浓度愈高，常态下愈难燃烧，即阻燃性越好。根据 LOI 值的大小，各种纺织品按其燃烧性能可分为**易燃**（LOI<20%）、**可燃**（LOI=20% ~ <26%）、**难燃**（LOI=26% ~ <35%）和**不燃**（LOI>35%）四个等级。

测试方法有测定材料的燃烧广度、续燃时间、阴燃时间的**基本试验法**，以及**极限氧指数（LOI）法、表面燃烧法**等。根据试样与火焰的相对位置，纺织品阻燃性能的检测方法可分为**垂直燃烧法、水平燃烧法、倾斜（45°）燃烧法**，如表 3-6。

表 3-6　纺织品阻燃性能的检测方法标准（部分）

检测分类	垂直燃烧法	45°燃烧法	水平燃烧法
检测方法	被测样品垂直放置，燃烧源在被测样品下方引燃	被测样品45°倾斜放置，燃烧源在被测样品的下方引燃	在规定时间内，采用标准化的火焰燃烧试样表面
国内标准	GB/T 5454—1997	GB/T 14645—2014	GB/T 8745—2001
检测指标	织物垂直方向损毁长度、阴燃和续燃时间、极限氧指数（LOI）	织物45°方向燃烧速率	织物表面燃烧时间
适用范围	服用纺织品、窗帘、壁毯等	服用纺织品（不含儿童睡衣、防护服、鞋帽手套和内衬布料）	睡袋和毛毯

GB/T 17591—2006《**阻燃织物**》对不同的阻燃织物（服装）有不同的阻燃性能要求。阻燃纺织品一般应能够适用于200℃或以上的高温，极限氧指数 27% 以上，具有防火、难燃、耐高温的性能，且能保持常温时的力学性能。

GB 8965.1—2020《**防护服装　阻燃服**》根据服装防护能力，将阻燃服分为A、B 两个级别。A 级和 B 级阻燃服所用材料的阻燃性能，在洗涤前和经过规定的洗涤程序洗涤后，都应符合表 3-7 的要求。

表 3-7 GB 8965.1—2020 的测试项目与指标

测试项目	防护等级	指标
热防护性能值（TPP）/（kW · s/m²）	A 级	皮肤直接测试：≥ 126
	B 级	皮肤与服装间有空隙：≥ 250
续燃时间 /s	A 级	≤ 2
	B 级	≤ 2
阴燃时间 /s	A 级	≤ 2
	B 级	≤ 4
损毁长度 /mm	A 级	≤ 50
	B 级	≤ 100
熔融、滴落		无

3.2.4 耐高温（阻燃）功能纺织品的应用

根据洗涤后阻燃性的耐久程度，阻燃功能纺织品分为**暂时性、半耐久性和耐久性**三类（表 3-8）。其主要用于易燃、易爆、有着火危险等环境中，包括服用和非服用两方面（图 3-9）。

表 3-8 耐高温（阻燃）功能纺织品的分类

分类	特征	适用范围及用途
暂时性阻燃功能纺织品	经水洗之后即失去阻燃性能的阻燃功能纺织品	多用于不需水洗的一次性阻燃产品
半耐久性阻燃功能纺织品	能够经受多次较温和的洗涤	用于不需多次洗涤的家居或装饰用品，如窗帘、墙布等
耐久性阻燃功能纺织品	能够经受 50 次及以上的洗涤次数	应用范围较广，比如服饰、沙发罩及床上用品等

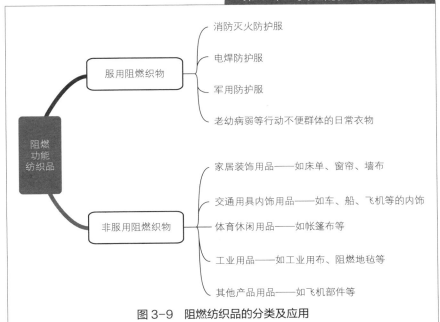

图 3-9　阻燃纺织品的分类及应用

① **防火布**（阻燃布），其材料有很多种，如玻璃纤维、石棉、化纤、陶瓷、玄武岩材料、铝箔材料等。按加工方式，防火布有硅胶布、硅钛布、纳米布、涂层布和树脂布等几种。各种防火布及特点见表 3-9。

表 3-9　各种防火布及其特点

防火布品种	主要特点（应用）
全棉阻燃布	全棉布经过阻燃剂处理达到不续燃效果
CVC 阻燃布	在 CVC 面料的基础上进行阻燃处理而达成的阻燃布
C/N 棉锦阻燃布	耐久性强，可以水洗 50 次以上还有阻燃效果
NOMEX 防火布	耐高温 200 ~ 1200℃，有防火布、毡、帘、纸材料
SM 防火布	可用于挡焊花、做防火被、软硬管的绝缘层、加热器的覆盖层
玻璃纤维防火布	可用于防火卷帘的装饰

续表

防火布品种	主要特点（应用）
铝箔防火布	具有一般防火布的性能外，还有抗光辐射作用
涂覆防火布	涂硅胶可达到防静电、防水、防过敏、防火的效果
高硅氧防火布	二氧化硅含量达90%，耐高温最高可达1700℃，可在900℃长期使用。其化学性能稳定、耐高温、耐烧蚀，广泛应用于航空航天、冶金、化工、建材、消防等领域
硅钛防火布	在玻璃纤维防火布上涂覆硅胶制成，有优良的高低温性能，材料质地柔软。长期耐火温度为300～500℃

图 3-10　消防防护服（左）和阻燃面料（右）

② **消防防护服**［图 3-10（左）］，具备阻燃隔热功能。其外层面料具有永久阻燃防火性能，隔热性能表现在防直接灼烧的热传导性能和防辐射热的渗透性能。其材料一般选用性能较好的永久性阻燃短纤维做成的薄型无纺布，这类材料作为隔热材料的热防护性能特别突出。

中国石化仪征化纤研发出一款"仪特斯"夏季阻燃防静电的工作服面料［图 3-10（右）］，该面料是利用对位芳纶本质阻燃特性研发的阻燃产品，遇到明火时具有阻燃、隔热特性，离开火源后马上自行熄灭，燃烧部分迅速碳化，而不产生熔融、滴落或者穿洞，具有优异的阻燃功能。

3.3　防静电（导电）功能纺织品

3.3.1　防静电（导电）功能纺织品的定义

纤维材料及制品在加工和使用过程中，受摩擦、牵伸、压缩、剥离、电场感应、热风干燥等因素的作用，所产生的电荷不易逸散，积聚在纤维材料上形成**静电**。纤维材料与其他物体摩擦产生静电（电荷）后，有些纤维带正电荷，有些带负电荷（图3-11）。静电现象在化纤类纺织品中普遍存在。**防静电功能纺织品**就是抵抗静电产生或集聚，不容易产生静电现象的纺织品。防静电纺织材料可改善织物服用舒适性，提高产品生产率，降低安全事故发生率，满足许多特殊行业和工作场所的安全需要。

图3-11　静电现象及各种纤维可能携带的正或负电荷

3.3.2　防静电（导电）功能纺织品的生产及分类

按生产方法或防静电机理进行分类，防静电织物主要有三种：**导电**

丝或防静电功能纤维织成的织物、表面处理后导电织物和**防静电助剂整理织物**。其中，**导电丝或防静电功能纤维织成的织物**有导电和非导电之分；**表面处理后导电织物**是经过表面金属化处理，如导电涂料涂层、金属蒸镀或溅射镀膜、金属化电镀等；**防静电助剂整理织物**是用抗静电剂对织物进行浸轧、涂覆树脂整理，提高纤维湿度从而使织物具有一定的抗静电效果。其主要制备方法和分类如图 3-12 所示。

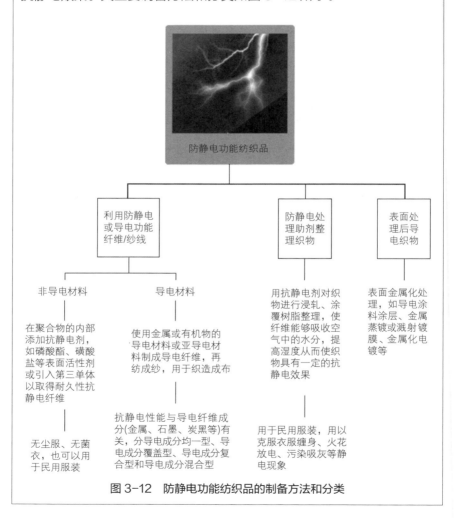

图 3-12　防静电功能纺织品的制备方法和分类

　　纺织材料抗静电主要途径，一是**提高周围环境湿度**，使静电不容易产生或集聚；二是**增加纤维材料电导率**（或降低织物表面电阻），缩短电荷半衰期，使产生的静电很快消除。后者是最主要的方法，包括**电荷中和法**和**静电逸散法**。电荷中和法是将处于静电序列两端的两种材料混合应用使不同极性电荷相互中和（不是消除电荷），其局限性较大。静电逸散法是通过降低纤维电阻（即提高导电性），将纺织品上的静电导走。按整理后的效果，抗静电纺织品整理（或制备）分为**暂时性**和**耐久性**（表 3-10）。

表 3-10　纺织品抗静电整理效果分类

分类	制备方法	特点
暂时性	采用不同类型表面活性剂在纤维材料表面形成一层薄膜，降低其摩擦系数、减少静电产生，或增强其表面吸湿性、降低电阻率、加快静电泄漏	操作简单、成本低；但受环境温湿度影响较大，在干燥环境或经多次洗涤后，抗静电耐久性差或作用不显著
耐久性	纤维材料进行化学改性：采用亲水性单体或聚合物对纤维分子进行共混、共聚和接枝改性整理，改变分子结构，提高纤维亲水性，加速电荷泄漏	耐久性好，但在干燥环境下（如相对湿度低于 40%）抗静电性能会受损
	织物进行化学改性：将永久性抗静电剂、金属粉末及氧化物、高分子导电材料等分散在液体中对织物浸轧、烘干和焙烘制得抗静电织物	简单易操作、成本相对较高、耐久性比较好
	织物表面涂层整理技术：将复合导电材料涂覆到纺织基布表面赋予其优良的抗静电功能	对纺织基布要求低、易操作、成本低、抗静电耐久性好；透气性差、手感较差
	织物嵌织导电纤维：采用混纺或者嵌织方法将少量导电纤维或纱线编织到织物中，形成抗静电织物	加工方便、抗静电性能优良、耐久性良好；缺点是导电纤维可纺性较普通纤维差

　　使用抗静电整理剂进行整理方面，可通过使用抗静电剂（如磷酸酯、磺酸盐等表面活性剂）提高织物的亲水性，或涂抹表面活性剂，或在生产时添加吸水性好的微粒。

3.3.3 防静电（导电）功能纺织品的评价与检测

纺织品的抗静电性能测试，大致分为**定性测试**和**定量测试**。测试其静电（或抗静电）性能的主要参数有**电阻率、泄漏电阻、电荷面密度及半衰期、摩擦带电电压及半衰期**等。适用的产品标准和评定方法标准如表 3-11 所示，具体测试方法如图 3-13 所示。

表 3-11　织物抗静电性能的产品标准与评定方法标准（部分）

类别	具体标准
产品标准	GB 12014—2019《防护服装　防静电服》
	FZ/T 64011—2012《静电植绒织物》
	GB/T 22845—2009《防静电手套》
	GB/T 24249—2009《防静电洁净织物》
	FZ/T 24013—2020《耐久型抗静电　羊绒针织品》
评定方法标准	GB/T 12703.1—2008《纺织品静电性能的评定　第1部分：静电压半衰期》
	GB/T 12703.2—2009《纺织品静电性能的评定　第2部分：电荷面密度》
	GB/T 12703.3—2009《纺织品静电性能的评定　第3部分：电荷量》

纺织材料静电（或抗静电）性能的评价有**电阻类指标**（体积比电阻、质量比电阻、表面比电阻、泄漏电阻、极间等效电阻等）、**静电电压及其半衰期、电荷面密度**等指标，以及吸灰试验、张帆试验、吸附金属片试验等简易测试方法得到的低精度指标。

常用 GB/T 12703.1—2008**《纺织品静电性能的评定　静电压半衰期》**评定纺织品的防静电性能。**静电压半衰期**指从高点电压衰减到一半所需要的时间（单位为秒），时间越短，放电越快，说明防（抗）静电性能越好。根据静电压半衰期，防静电性能分三个等级：A 级 ≤ 2.0s；B 级 ≤ 5.0s；C 级 ≤ 15.0s。一般，防静电工作服应达到 A 级指标，日常用服装（功能性）应达到 B、C 级指标。对于非耐久型防静电功能纺织品，洗前性能要满足以上等级要求；对于耐久型防静电功能纺织品（经多次洗涤仍保持防静电性能的产品），则要求洗前和洗后均应达到以上要求。

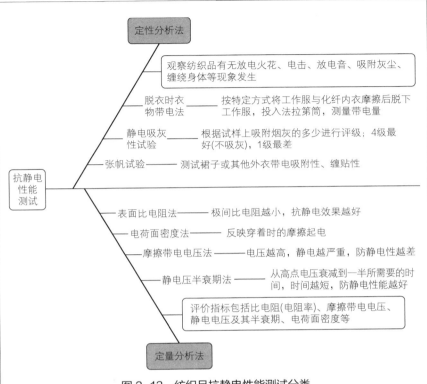

图3-13 纺织品抗静电性能测试分类

表3-12 各种材料的表面电阻

材料	表面电阻 / (Ω/cm^2)	备注
金属材料	$10^{-6} \sim 10^{-3}$	低电阻类
一般的塑料	10^{15}	非导电体
抗静电材料	$10^7 \sim 10^{14}$	轻微导电
静电消散（逸散）材料	$10^2 \sim 10^6$	导电
电磁波遮蔽材料	10^2 以下	导电良导体

另外，导电型抗静电纺织品，其导电性能高低直接决定其防静电性能。材料的表面电阻越低，导电性越好，抗静电性能越好（表3-12）。

3.3.4 防静电（导电）功能纺织品的应用

防静电（导电）功能纺织品广泛应用于石油、矿冶、化工、电子、食品、烟花爆竹、医药、核能、航天航空、武器等行业，包括防静电工作服、超净（无尘）工作服、军用防静电功能的常服和作训服、防静电手套、防静电鞋（靴）等。

图3-14 防静电工作服（左）与抗静电无尘衣（右）

① **防静电工作服**，通常采用导电功能纱线织造成防静电织物，然后将防静电织物缝制成工作服。某品牌防静电工作服［图3-14（左）］是由导电丝混入编织的高支高密面料所制而成，具有透气、耐磨、防静电等特点。

② **抗静电无尘衣**［图3-14（右）］为电子行业工作人员穿着的防静电服装，可防止静电产生火灾或设备触电等意外发生，提高电子产品的良品率，节约生产成本和提高设备的使用寿命。一般还需要配套穿

着无尘鞋，戴帽子与面罩和手套，避免尘埃附着而使电子产品受到静电影响。

③ **防静电手套和防静电软底靴**（图 3-15）是半导体、光电、电子显像管、计算机主板、手机等电子行业工作人员的必备工作用品，主要材料为防静电面料。防静电面料可以是添加导电纤维编织而成的涤纶布，或者是在织物上涂覆导电树脂的涂层，使手套有良好弹性与防静电性能。比如，某款防静电手套［图 3-15（左）］表面电阻为 $10^5 \sim 10^7 \Omega/cm^2$，具良好的导电性和抗静电性能。其用于需用手套操作的防静电、净化无尘车间环境，可避免操作人员手指直接接触静电敏感元器件，并能安全泄放操作人员所带的人体静电荷，防止由静电造成的电子元器件损毁、老化；用在石化行业，可防止由静电引起的燃烧、爆炸等危险。

图 3-15 防静电手套（左）及防静电软底靴（右）

3.4 紫外线防护功能纺织品

3.4.1 紫外线防护功能纺织品的定义

紫外线是一种比可见光波长短的不可见的电磁波。适当的紫外线对人体有益，可促进维生素 D 的合成、抑制佝偻病，具有消毒杀菌作用等，但过度的紫外线照射可引起多种疾病（图 3-16）。根据波长从大到小，紫外线分为近紫外线（UVA）、远紫外线（UVB）和超短紫外线（UVC），对人体皮肤影响见表3-13。

表3-13　不同波长紫外线对人体皮肤的影响

紫外线	波长/nm	能量及占比	对皮肤的影响
近紫外线（UVA）	320～400	能量较小，占95%～98%	能透射到真皮组织下面，产生色斑，破坏皮肤弹性，出现皱纹，加速老化
远紫外线（UVB）	290～320	能量大，占2%～5%	可穿过人的表皮，导致晒伤和红斑；长期照射，可诱发皮肤癌和免疫抑制等
超短紫外线（UVC）	200～290	能量最大	可引起晒伤、基因突变和肿瘤，但被臭氧层吸收

图3-16　紫外线对人体有益（左）又有害（右）

紫外线指数是指当太阳在天空中的位置最高时（在10：00～15：00时间段）到达地球表面的紫外线辐射对人体皮肤的可能损伤程度。紫外线指数范围为0～15，对应紫外线强度由弱到强分为5级（表3-14）。紫外线指数愈高，紫外线辐射对人体皮肤损伤程度愈大。

表3-14　紫外线对人体的影响及防护措施

紫外线指数	紫外线强度	对人体影响	可采取的防护措施
0～2	最弱	安全	不采取措施
3～4	弱	正常	戴防晒帽、太阳镜

续表

紫外线指数	紫外线强度	对人体影响	可采取的防护措施
5 ~ 6	中等	注意	戴防晒帽、太阳镜，擦防晒霜（SPF ≥ 15）
7 ~ 9	强	较强	避免 10：00 ~ 16：00 在室外活动
10 ~ 15	很强	有害	尽量不外出，外出时采取一定的防护措施

紫外线防护功能纺织品（简称防紫外线纺织品）是能减少紫外线穿过以防止人体受到紫外线照射而造成伤害的纺织品。

3.4.2　紫外线防护功能纺织品的生产及分类

当紫外线照射到织物表面时，一部分被吸收、一部分被反射、一部分透过织物。纺织品对紫外线的防护机理是增加对紫外线的吸收率和反射率，从而减少其透过率。在研究防紫外线纺织品时，需要综合考虑以下因素，见表 3-15。

表 3-15　影响纺织品防紫外线性能的因素

影响因素	影响机理
纤维种类	紫外线防护性能由好到差的纤维顺序为涤纶、羊毛、氨纶、棉、黏胶纤维
纱线类型	纤维线密度小、比表面积大，则反射能力强，防紫外线性能好，如细纤维织物优于粗纤维织物，异形截面化纤织物优于圆形截面化纤织物
织物结构	织物越厚、紧密度越大，其空隙越小，紫外线透过率越小
织物颜色	一般来说，织物颜色越深，吸收紫外线的能力越好。红色织物和蓝色牛仔布防紫外线最佳，白色衬衣适中（紫外线透过率 14%）
后整理	选择不同的处理工艺可提高织物的紫外线防护性能，例如避免前处理、取消荧光增白处理、选择合适染料、运用新工艺等
湿度	湿织物的紫外线透过率优于干织物

按照整理（制备）途径，防紫外线纺织品可分为防紫外线纤维（或长丝）和织物两大类（图 3-17）。其中，常用的防紫外线整理剂，分为无机类反射剂和有机类吸收剂两大类，如表 3-16 所示。反射剂材料有高岭土、碳酸钙、滑石粉、炭黑、氧化铁、氧化锌、氧化亚铅等；

吸收剂材料有金属离子化合物、水杨酸酯类化合物、苯酮类化合物及苯唑类化合物等。

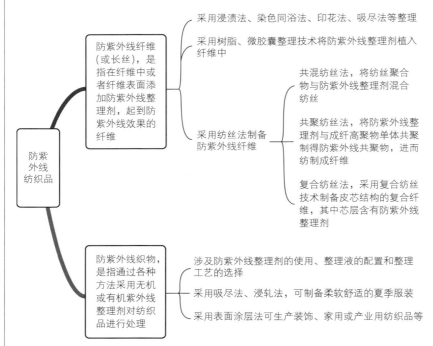

图 3-17　防紫外线纺织品分类及制备方法

表 3-16　常见防紫外线整理剂分类

类别	防紫外线机理	整理剂分类
无机类反射剂	通过添加具有强反射能力的紫外线屏蔽物质，增加纺织品对紫外线的反射率	紫外屏蔽剂一般为三类，包括纳米或超细粉末状无机金属氧化物、无机混合物以及其他种类的无机盐
有机类吸收剂	通过添加对紫外线有强烈的选择吸收能力，并能进行能量转换的紫外线吸收物质，减少纺织品的紫外线透过量	紫外线吸收剂一般为有机类化合物，比如金属离子化合物、水杨酸酯类化合物、苯酮类化合物、苯唑类化合物

3.4.3 紫外线防护功能纺织品的评价与检测

评价防紫外线性能的指标有**紫外线透射比、紫外线屏蔽率、防晒系数（SPF）、紫外线防护系数（UPF）、紫外线穿透率、紫外线反射率和 A/B 波段紫外线（UVA/UVB）平均透射率**等。常用 UPF 来评价纺织品的紫外线防护性能。UPF 是皮肤无防护时计算出的紫外线照射平均效应与皮肤有织物防护时计算出的紫外线照射平均效应的比值。UPF 值越大，防紫外线性能越好。

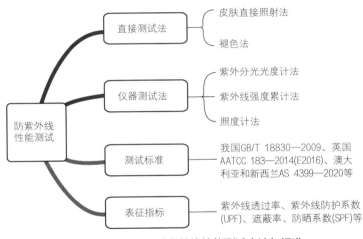

图 3-18 纺织品防紫外线性能测试方法与标准

纺织品的防紫外线性能测试方法及标准如图 3-18 所示。国际上，各国对纺织品防紫外线性能的评价和标准有所不同，因测试方法与处理样品的方式不同，判定结果存在差异，需区别对待。

GB/T 18830—2009《纺织品 防紫外线性能的评定》和 GB/T 21295—2014《服装理化性能的技术要求》规定，当样品的 UPF>40，并且 T（UVA）$_{AV}$<5%时，评定为"防紫外线产品"。防紫外线产品在标签上做标识时，需标注标准及编号，当 40<UPF ≤ 50，标为 UPF40+；当 UPF>50，标为 UPF50+。还需注明"长期使用以及在拉伸或潮湿的情况下，该产品所提供的防护有可能减少"［图 3-19（左）］。

图 3-19　纺织品防紫外线性能标识（标签）

左为我国国家标准要求，右为 UV STANDARD 801 认证

澳大利亚和新西兰最新标准 AS 4399—2020《**日光防护服　评定和分级**》则规定了紫外线防护纺织品有 3 个防护等级。UPF 达 15，为最小防护等级；UPF 达 30，为良好防护等级；UPF 达 50 以上，为优秀防护等级，标识为 50 或 50+，其中标识为 50+，表示 UPF ≥ 55。

UV STANDARD 801 是由应用紫外线保护国际检定协会发布的规范文件（或认证）。这一产品认证标签［图 3-19（右）］非常具有实用性，直接在标签上标识出纺织品具备的紫外线防护系数（有 15、20、30、40、60、80）。与其他国际标准不同，该标准还考虑了纺织品的使用条件，如穿着过程中的拉伸程度；材料因游泳或流汗引起的润湿；穿戴、天气和洗涤造成的不可避免的材料老化；太阳照射和人类皮肤类型的最坏情况等，对消费者精确地了解防晒（紫外线防护）性能非常重要。

UPF 值为 50，可以通俗地理解为有 1/50 的紫外线可以透过织物。UPF 值大于 50 以后，紫外线对人体的影响已经很小甚至可以忽略不计。应注意的是，紫外线防护功能纺织品长期使用以及在拉伸或者潮湿的情况下，防护性能可能下降。

3.4.4　紫外线防护功能纺织品的应用

紫外线防护功能纺织品有许多，常见的应用有服装（如户外运动服、抗紫外线衬衫）、遮阳用品（遮阳伞、遮阳帽）、窗帘、广告布和帐篷等，还有石油、化工、天然气、煤炭、电子、航天、军工、环卫等产业领域的应用。具有防紫外线功能的职业服装更具有实用价值，如农业作业服、渔业作业服和野外作业服等。防紫外线纺织品的应用领域还在不断扩展中，特别是在日照强烈、受紫外线照射影响较大的我国南方地区有很大的应用市场。

常见的**防紫外线面料**，主要有涤纶防紫外线面料、尼龙防紫外线面料和抗紫外线面料。这些面料对于紫外线有着良好的吸收转化能力，并且通过一定的反射和散射作用，将通过面料的紫外线减小到最少，进而起到了防止紫外线伤害人体肌肤的作用。

图 3-20　紫外线防护遮阳伞（左）、围巾 / 口罩（中）和风衣（右）

某品牌**防晒风衣**（防晒服或防晒衣）［图 3-20（右）］，采用超薄涤纶加氨纶交织的面料，通过面料织造方式形成表面交错的鳞片状结构，可以反射、折射紫外线；另外，利用特殊整理技术使面料的紫外线防护能力加强，具有防紫外线（防紫外线系数达 UPF50+）、冰凉降温（可降温 8 ~ 9℃）的功能。

3.5 电磁屏蔽功能纺织品

3.5.1 电磁屏蔽功能纺织品的定义

电磁波污染为继空气、水、噪声污染之后的第四大污染源。电磁辐射是电场和磁场交互变化产生的电磁波向空中发射或泄漏的现象。日常生活和生产中都可能遇到各种形式、不同频率、不同强度的电磁辐射，如图 3-21 所示；造成的危害如图 3-22 所示。

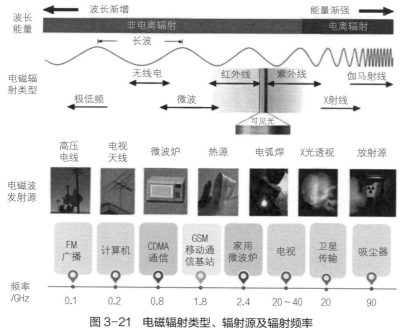

图 3-21　电磁辐射类型、辐射源及辐射频率

电磁屏蔽功能纺织品就是可以通过反射或吸收电磁波，防止电磁能量从织物外面传递到人体的具有电磁屏蔽作用的纺织品。电磁波作用于织物等材料的过程如图 3-23 所示，如果电磁波被吸收则不会造成二次

污染，比反射电磁波更加环保。

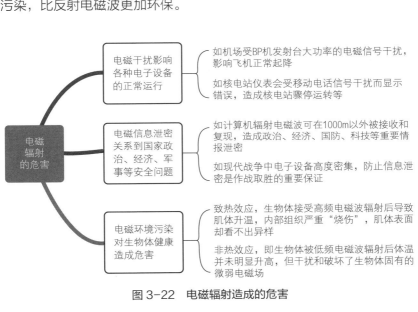

图 3-22　电磁辐射造成的危害

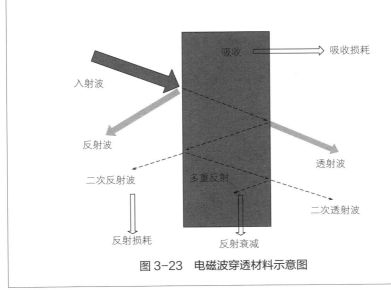

图 3-23　电磁波穿透材料示意图

3.5.2 电磁屏蔽功能纺织品的生产及分类

根据作用机理，电磁屏蔽织物可分为**反射型**、**吸收型**和**吸收反射型**。

① **反射型电磁屏蔽织物**是在织物中加入导电性材料，实现对电磁波的反射衰减，从而减少到达人体组织的电磁波。在低导电性织物中加入导电性材料的方法有交织、混纺和涂层三种，其中涂层面料在军用电磁屏蔽技术中运用广泛。

② **吸收型电磁屏蔽织物**利用织物中的金属或导电聚合物、石墨烯、碳纳米管，将电磁波在导体电阻的作用下转化成热能，形成涡流损耗而吸收能量，达到电磁屏蔽作用。吸收的能量越多，电磁屏蔽的效果越好。

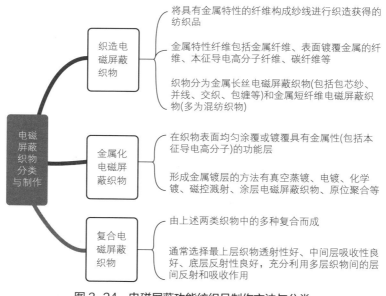

图 3-24 电磁屏蔽功能纺织品制作方法与分类

③ **吸收反射型电磁屏蔽织物**，结构中既包含吸收型材料也包含反射型材料。其类型一是双层织物，即各层材料分别用吸收型和反射型；

二是单层织物，主要采用涂层方式将吸收型材料涂覆在反射型材料表面；三是吸收型反射型复合材料，即将两种材料在分子层面上进行复合形成一种新型的复合材料。

电磁屏蔽织物的主要制备方法，包括由金属材料织造成具有电磁屏蔽功能的织物、金属化织物获得电磁屏蔽功能以及两种方法复合的方法，各自特点如图 3-24 所示。

3.5.3 电磁屏蔽功能纺织品的评价与检测

电磁屏蔽功能纺织品的评价指标主要是**屏蔽效能**（shielding effectiveness，SE）和**衰减率（屏蔽率）**。电磁波屏蔽效能测试方法有**远场法、近场法和屏蔽室法**，见图 3-25。

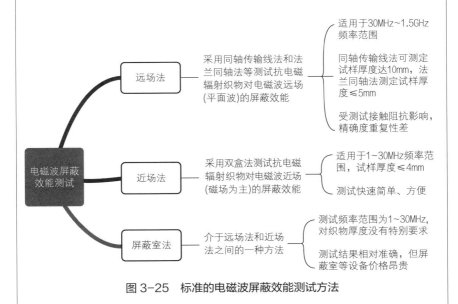

图 3-25　标准的电磁波屏蔽效能测试方法

电磁屏蔽纺织品主要有表 3-17 所示的产品标准和性能测试标准，不同标准适用的范围、采用的测试方法、电磁波频段也有所不同，需要根据具体的需求进行选择。

表 3-17　电磁屏蔽功能纺织品的相关产品及测试标准（部分）

标准编号与名称	频段	适用范围
GB/T 22583—2009《防辐射针织品》	10MHz ~ 3GHz	添加金属纤维的针织面料为主制成的民用防辐射针织品
GB/T 23463—2009《防护服装　微波辐射防护服》	300MHz ~ 300GHz	金属纤维混纺、织物金属化等制得的反射型或吸波型电磁波辐射防护服
GB/T 23326—2009《不锈钢纤维与棉涤混纺电磁波屏蔽本色布》	1MHz ~ 1.5GHz	不锈钢纤维分别与棉、涤纶或棉涤混纺的民用电磁波屏蔽本色布
GB/T 30142—2013《平面型电磁屏蔽材料屏蔽效能测量方法》	30MHz ~ 3GHz（法兰同轴装置法），10kHz ~ 40GHz（屏蔽室法）	电磁屏蔽织物、金属板等平面型材料
GB/T 30139—2013《工业用电磁屏蔽织物通用技术条件》	10kHz ~ 40GHz	金属化处理织物、导电纤维织物
GB/T 33615—2017《服装电磁屏蔽效能测试方法》	80MHz ~ 6GHz	民用（非专业人员使用）防电磁辐射服装
FZ/T 73063—2019《针织孕妇装》	30MHz ~ 3GHz	有防电磁辐射功能的孕妇装

　　GB/T 30139—2013《**工业用电磁屏蔽织物通用技术条件**》，针对金属化处理织物、导电纤维织物分别规定了性能指标，分别见表 3-18 和表 3-19。

表 3-18　GB/T 30139—2013 对金属化处理织物的电磁屏蔽性能指标

项目	导电布	导电纱网	导电无纺布	导电金属丝网
屏蔽效能（30MHz ~ 18GHz）/dB	≥ 45	≥ 45	≥ 50	≥ 40
表面电阻 /（Ω/m²）	0.01 ~ 1.0	0.01 ~ 1.0	0.01 ~ 0.5	0.01 ~ 0.5

　　根据 GB/T 33615—2017《**服装　电磁屏蔽效能测试方法**》，试样的电磁屏蔽效能（SE）实测值达到 5dB 及以上，可评定该服装样品在相应测试参数下具有防电磁辐射性能。FZ/T 73063—2019《针织孕妇

表 3-19 GB/T 30139—2013 对导电纤维织物的电磁屏蔽性能指标

项目	不锈钢纤维织物	镀银纤维织物	螯合型导电纤维织物
屏蔽效能（30MHz ~ 3GHz）/dB	≥ 40	≥ 40	≥ 40
屏蔽效能（3 ~ 18GHz）/dB	≥ 30	≥ 30	≥ 30
表面电阻 /（Ω/m^2）	≤ 100.0	≤ 5.0	≤ 5.0

装》适用于以针织物为主面料制成的针织孕妇装，对其中具有防电磁辐射功能的孕妇装的面料要求的电磁屏蔽率，优等品 ≥ 99.99%，一等品和合格品 ≥ 99.9%。

最新团标 T/GDTEX 26—2022《防辐射内衣》要求的技术指标见表 3-20，适用于具有防电磁辐射功能的文胸、内裤、家居服和保暖内衣等产品，而不适用于婴幼儿内衣产品。

表 3-20 T/GDTEX 26—2022 的电磁屏蔽性能指标

项目	水洗次数	指标
屏蔽效能 /% （10MHz ~ 3GHz）	0	≥ 95
	20	≥ 90

注：1. 水洗次数 0 时的指标是指产品洗前状态时应达到的要求；
　　2. 水洗 20 次时的指标是指产品按 GB/T 8629—2017，4N 程序洗涤 20 次后，悬挂晾干，仍然应达到的要求。

3.5.4 电磁屏蔽功能纺织品的应用

电磁屏蔽功能纺织品广泛应用工作装、吊带衫、孕妇装、童装、马甲、肚兜、围裙、内衣等服用产品，以及军事、通信及计算机等领域（图3-26）。

防辐射工作装主要用于从事大功率发射器、设备、仪器作业的工作人员，要求防辐射效果好，能屏蔽大量高频电磁波辐射。**防辐射孕妇装**（图3-27）、童装主要用于对孕妇、婴儿的保护。防辐射马甲、肚兜、围裙，主要用于屏蔽日常生活和办公时各种电器，如电脑、手机等发出的电磁波，侧重对心脏等器官进行防护。

在应用中，也可进行适当的防辐射组合，即将各种款式的防电磁辐射服装、配件等有层次、有目的地组合在一起，实现防辐射功能和美观舒适的服用效能完美结合。

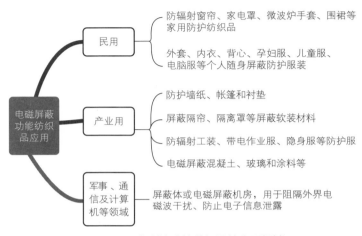

图 3-26　电磁波防护纺织品的应用领域

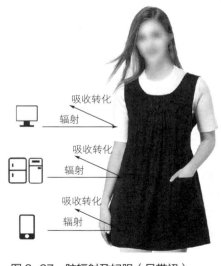

图 3-27　防辐射孕妇服（吊带裙）

第 4 章

保健功能纺织品

根据标准 T/CAS 115—2005《**保健功能纺织品**》，保健功能纺织品是指具有发射远红外线功能（简称远红外功能）、负离子功能、抗菌功能等保健功能，旨在调节和改善人身机体功能，并且对人体不产生副作用的一类功能纺织品，又称**健康型功能纺织品**（图4-1）。

需要说明的是，此处介绍的**保健功能纺织品**不一定严格按照标准 T/CAS 115—2005《保健功能纺织品》的分类和要求，可能包含但不限于此标准涵盖的远红外功能、磁功能、抗菌功能等功能。保健功能纺织品可能具有一种或多种功能，可以应用于被子、床垫、枕头、枕套、被套、床单、睡袋等床上用品，内衣类、护身类、袜类、帽子、手套等服饰制品，以及窗帘、地毯、垫类等其他用品。

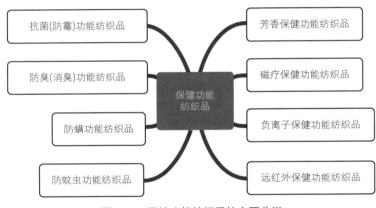

图4-1　保健功能纺织品的主要分类

4.1　抗菌（防霉）功能纺织品

4.1.1　抗菌（防霉）功能纺织品的定义

细菌和真菌是自然界中分布最广、数量最多的一类微生物，遍布于土壤、水、空气及生物体内和体表等。细菌根据形态分为球菌、杆菌、弧菌、螺旋菌等，常见有金黄色葡萄球菌、肺炎杆菌、大肠杆菌、白色念珠菌等。真菌，有木耳、香菇等真菌以及霉菌（青霉、曲霉、木霉等）、酵母菌等。细菌和真菌的细胞均由细胞壁、细胞膜、细胞质三部分组成，区别于病毒（图 4-2）。细菌和真菌对人类有利也有害，我们需要利用它们有益的一面，避免或防止有害的一面。

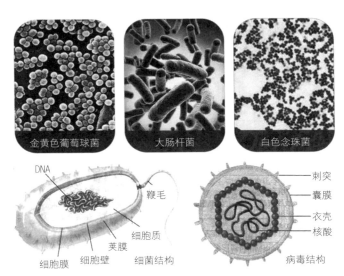

图 4-2 常见细菌及其结构和病毒的基本结构

抗菌（防霉）功能纺织品是指具有杀菌或抑制细菌（或真菌）活性的功能纺织品。纺织品经过化学或物理方法的抗菌处理（整理）后，抗菌成分通过对细菌的强氧化灭活作用；干扰或中断胞浆的流动，导致细胞原生质膜崩解；刺破细胞膜或细胞壁；抑制细菌细胞蛋白质、遗传物质等的合成或让繁殖所需物溢出（絮凝、聚沉）等方式，抑制细菌繁殖或直接杀死细菌，达到杀菌、抑菌和防霉作用。

通常说的抗菌一般包括防霉作用，虽然防霉主要针对霉菌这种丝状真菌，但抗菌和防霉机理相近，因而一并介绍。

4.1.2 抗菌（防霉）功能纺织品的生产和分类

抗菌（防霉）功能纺织品按抗菌方式和用途，有如图 4-3 所示的分类。

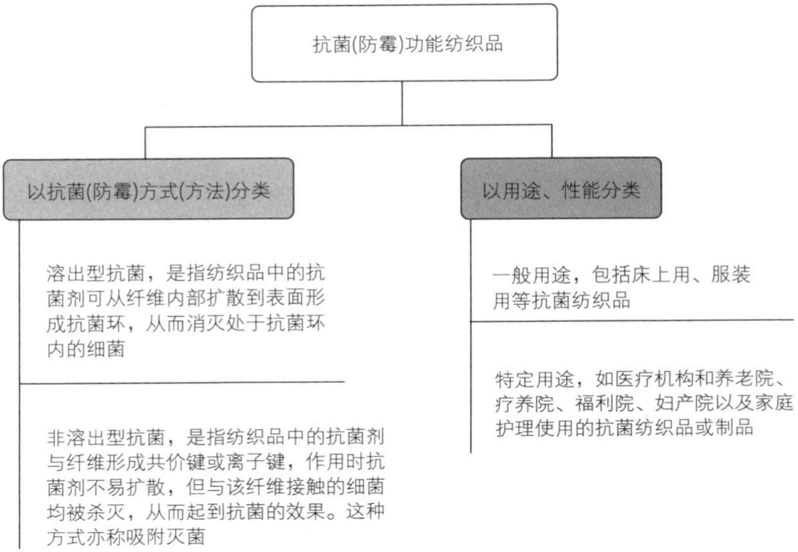

```
              抗菌(防霉)功能纺织品
       ┌──────────────────┴──────────────────┐
以抗菌(防霉)方式(方法)分类                以用途、性能分类
```

溶出型抗菌，是指纺织品中的抗菌剂可从纤维内部扩散到表面形成抗菌环，从而消灭处于抗菌环内的细菌

一般用途，包括床上用、服装用等抗菌纺织品

非溶出型抗菌，是指纺织品中的抗菌剂与纤维形成共价键或离子键，作用时抗菌剂不易扩散，但与该纤维接触的细菌均被杀灭，从而起到抗菌的效果。这种方式亦称吸附灭菌

特定用途，如医疗机构和养老院、疗养院、福利院、妇产院以及家庭护理使用的抗菌纺织品或制品

图4-3 抗菌（防霉）功能纺织品的分类

　　抗菌（防霉）功能纺织品的制备方式主要有两种。一种是内置抗菌纤维的抗菌面料，即纺丝时把抗菌材料添加到纤维里面，纤维的一般物理指标与常规纤维相同。这种由抗菌功能纤维（或长丝）做成的织物（服装）具有持久高效、广谱抗菌以及耐洗涤的优点。另一种是后处理技术，即面料进行抗菌助剂整理以达到抗菌目的，相对前一种方法其抗菌耐久性可能差一点。这两种制备方法的抗菌机理或方式，包括溶出型和非溶出型，如图4-3所示。一种是传统释放型（溶出型）的抗菌剂，它离开纺织品后与微生物产生反应；另一种为非传统型（非溶出型）抗菌剂，它以分子状态与织物结合，利用电子吸附的方式，将与它接触的微生物杀灭（细胞膜的生化反应）。

　　根据制备方法不同，抗菌纤维分为**天然抗菌纤维**（自带抗菌、抑菌功能）和**人工抗菌纤维**（人为赋予其抗菌、抑菌功能），如图4-4所示。其中人工抗菌纤维是在纤维制造过程中添加抗菌助剂。而利用抗菌助剂对面料织物进行**抗菌功能整理**，跟人工抗菌纤维的制备类似，均需要添加抗菌物质（或助剂）。

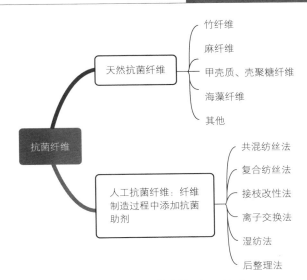

图 4-4　抗菌纤维分类及加工技术

常用的抗菌整理剂可以分为无机类、有机类和天然产物类三大类（图 4-5）。**无机类抗菌整理剂**有过硫酸铵、磷酸钙、金属离子（银离子、锌离子等）化合物等。银离子抗菌剂具有安全性、广谱性、长效性、无耐性菌、抑菌效果显著等优点，是一种非常理想的抗菌剂，在无机抗菌剂中占有主导地位。**有机类抗菌整理剂**，包括各种苯类、季铵盐、脲类有机抗菌剂等，是目前织物用防霉、抗菌、防臭整理剂的主体。**天然产物类抗菌整理剂**来自天然的植物［如芦荟、板蓝根、茶叶（茶多酚类物质）、芥子萃取物、艾蒿、薄荷等］、动物（如蛋白氨基酸类等）及微生物等的某些提取物。不同整理剂对细菌或真菌（霉菌等）的具体作用、效果可能不同，需要针对性地进行选择。

无机抗菌整理剂或非水溶性抗菌整理剂可用涂层方法，水溶性抗菌整理剂常用浸渍（或浸轧）、烘干（或焙烘）方法。为提高抗菌助剂在织物上的附着力，一般需添加黏合剂（树脂）。另外，还有一些新型的整理方法，如微胶囊方法，即将一种或几种抗菌物质包裹在微粒子状胶囊中，再固着于织物纤维，后续在使用过程中缓慢释放出抗菌物质，达到抗菌抑菌的目的。部分抗菌整理剂的杀菌作用见表 4-1。

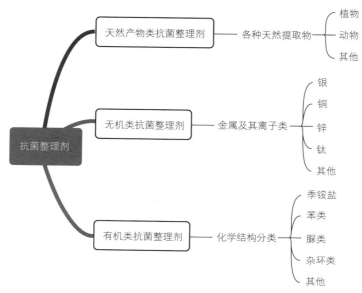

图 4-5　抗菌整理剂分类

表 4-1　部分抗菌整理剂的杀菌作用方式

类别	杀菌作用	化合物名称
影响呼吸系统	氧化性磷酸化	卤化苯酚、硝基酚、四氯 -2-（三氟甲基）苯并咪唑、水杨酰苯胺
	破坏—SH 基	三氯甲基硫化合物、奈醌类、异硫氰酸酯、锡化合物、铜化合物
	影响 DNA 复制	苯并咪唑化合物、甲基噻吩烷
	影响电子传递系统	硝基糠腙类、香芹肟、硫化酚芹
破坏膜作用	破坏细胞壁合成系统	卤化苯酚、烷基苯酚、硝基酚、对羟基苯甲酸酯、异硫氰酸酯
	破坏细胞壁和细胞膜	季铵盐、脂肪族胺、咪唑

4.1.3　抗菌（防霉）功能纺织品的评价与检测

抗菌功能纺织品的抗菌性能通过抗菌试验来检验，根据抗菌活性大小的不同，可分为**抗（抑）菌试验**和**杀菌试验**；根据定量程度，可分为**定性试验**、**半定量试验**和**定量试验**。培养基法和摇瓶法为常用试验检测方法。**培养基（或培养皿）法**是将抗菌织物和参比织物制成圆形布样，放在含有某种指定菌种的培养基中，恒温培养一定时间，观察抑菌圈的生长和大小。这是一种定性的抗菌试验方法，抑菌圈越大，织物的抗菌性越强。这种方法是基于纤维中的抗菌剂从纤维中释放进入培养基，使其在织物周围产生抑菌圈。**摇瓶法（或称振荡法）**是一种定量试验方法，把抗菌纤维或织物放在盛有某种细菌的培养液（缓冲溶液）的锥形瓶中，盖上瓶盖后摇动，间隔一定时间后，观察培养液中生存下来的细菌数目，并计算出**灭菌率（或抗菌率、抑菌率）**，灭菌率（≤ 1）越高，抗菌性能越好。

目前，全球已经发布实施的抗菌相关标准已经超过 768 项，不同检测方法和不同评价方法有不同的要求，需根据实际需要选用。部分有关的测试标准列于表 4-2。

表 4-2　国内对抗菌功能纺织品的性能测试标准（部分）

标准编号与名称	适用范围
GB/T 20944.1—2007《纺织品　抗菌性能的评价　第 1 部分：琼脂平皿扩散法》	不适用于抗菌剂在试验琼脂上完全不扩散的试样，不适用于抗菌剂与琼脂起反应的试样
GB/T 20944.2—2007《纺织品　抗菌性能的评价　第 2 部分：吸收法》	适用于羽绒、纤维、纱线、织物和制品等各类纺织产品
GB/T 20944.3—2008《纺织品　抗菌性能的评价　第 3 部分：振荡法》	适用于羽绒、纤维、纱线、织物，以及特殊形状的制品等各类纺织产品，尤其适用于非溶出型抗菌纺织产品
SN/T 2558.4—2012《进出口功能性纺织品检验方法　第 4 部分：抗菌性能　平板琼脂法》	适用于机织物、针织物、非织造织物和其他平面织物，羽绒、纤维、纱线等可参照执行
SN/T 2558.9—2015《进出口功能性纺织品检验方法　第 9 部分：抗菌性能　阻抗法》	适用于羽绒、纤维、织物及其制品等各类纺织产品

根据 GB/T 20944.2—2007《**纺织品 抗菌性能的评价 第2部分：吸收法**》，当抑菌值 ≥ 1 或抑菌率 ≥ 90% 时，样品具有抗菌效果；当抑菌值 ≥ 2 或抑菌率 ≥ 99% 时，样品具有良好抗菌效果。

FZ/T 73023—2006《**抗菌针织品**》和 FZ/T 62015—2009《**抗菌毛巾**》对抗菌性能的评价有所区别，见表4-3。

表4-3 FZ/T 73023—2006 和 FZ/T 62015—2009 对抗菌性能的评价

标准	抗菌级别	水洗次数	抑菌率 /%		
			金黄色葡萄球菌	大肠杆菌	白色念珠菌
FZ/T 73023—2006	A 级	10	>99	不考核	不考核
	AA 级	20	≥ 80	≥ 70	≥ 60
	AAA 级	50	≥ 80	≥ 70	≥ 60

标准	抗菌级别	水洗次数	抑菌率 /%	
			金黄色葡萄球菌	大肠杆菌或肺炎杆菌
FZ/T 62015-2009	AA 级	20	≥ 80	≥ 70
	AAA 级	50	≥ 80	≥ 70

而根据 T/GDBX 056—2022《**抗菌纺织品**》规定，以抗菌率从低到高将抗菌性能等级评定为 A、AA、AAA、AAAA、AAAAA、AAAAAA、AAAAAAA 共 7 个等级，其中 A 为最低等级，AAAAAAA 为最高等级（表4-4），并对每个等级的抗菌性能指标、洗涤次数和抑菌率做出明确规定。该标准适用于具有抗菌功能的内衣、内裤、防晒衣、保暖衣、家居服、袜子等各类纺织品，不适用于年龄在 36 个月及以下的婴幼儿服装。

表4-4 T/GDBX 056—2022 规定的抗菌等级

抗菌级别	洗涤次数	抑菌率 /%			
		金黄色葡萄球菌	大肠杆菌（或肺炎杆菌）	白色念珠菌	加德纳菌
A	10	99	不考核	不考核	80
AA	20	90	90	80	80

续表

抗菌级别	洗涤次数	抑菌率 /%			
		金黄色葡萄球菌	大肠杆菌（或肺炎杆菌）	白色念珠菌	加德纳菌
AAA	50	90	85	80	80
AAAA	80	90	80	80	80
AAAAA	100	85	75	70	80
AAAAAA	120	85	70	70	80
AAAAAAA	150	85	70	70	80

注：当产品明示对加德纳菌有抑制作用时，需考核加德纳菌的抑菌率。

而 T/CHC（T/CAS）115.1—2021《保健纺织品　第 1 部分：通用要求》及 T/CHC（T/CAS）115.4—2021《**保健纺织品　第 4 部分：抑菌**》对抑菌率的评价要求及评级见表 4-5。

表 4-5　保健纺织品对抑菌率的评价要求及评级

类别	抑菌级别	洗涤次数	抑菌率		
			革兰氏阳性菌：金黄色葡萄球菌	革兰氏阴性菌：大肠杆菌或肺炎克雷伯氏菌	真菌：白色念珠菌
功能纺织品（洗涤）	Ⅰ级	0	≥ 90%	≥ 90%	—
		20	≥ 85%	≥ 85%	—
	Ⅱ级	0	≥ 99%	≥ 99%	≥ 90%
		20	≥ 90%	≥ 90%	≥ 70%
	Ⅲ级	0	≥ 99%	≥ 99%	≥ 90%
		50	≥ 90%	≥ 90%	≥ 70%
功能纺织品（非洗涤）	Ⅰ级	0	≥ 90%	≥ 90%	—
	Ⅱ级	0	≥ 99%	≥ 99%	≥ 90%

纺织品防霉性能的测试是将试样放置在一定的温、湿度环境中，经一段时间之后，取出试样，观察试样表面的发霉情况，然后根据试样表面长霉程度来评价纺织品的防霉性能。长霉面积越小，则说明样品的防

霉性能越好；反之，就说明防霉性能越差。有关防霉性能的测试标准及等级评价见表 4-6。

表 4-6　防霉纺织品的性能测试与防霉等级评价的相关标准

标准	适用范围	结果（长霉情况）
FZ/T 60030—2009 《家用纺织品防霉性能测试方法》	洗浴、厨房、床上和装饰等家用纺织品	0 级：无生长 1 级：微量生长 2 级：轻微生长 3 级：中量生长 4 级：严重生长
AATCC 174—2011 《地毯的抗微生物活性测定》	地毯	0 级：无生长 1 级：微量生长（显微镜下可见） 2 级：肉眼可见的生长
GB/T 24346—2009 《纺织品 防霉性能的评价》	各类织物及其制品	0 级：无长霉 1 级：生长面积小于 10% 2 级：在样品表面的覆盖面积为 10% ~ 30% 3 级：在样品表面的覆盖面积为 30% ~ 60% 4 级：在样品表面的覆盖面积 >60%
AATCC 30—2017 《纺织品材料抗真菌活性的测定：防霉防腐》	纺织材料及其制成品	0 级：无生长 1 级：微量生长 2 级：大量生长
BS EN 14119—2003 《纺织品测定微生物作用的评价》	各类纺织品	0 级：未见长霉 1 级：肉眼未见生长，显微镜下明显生长 2 级：霉菌在样品表面的覆盖面积小于 25% 3 级：霉菌在样品表面的覆盖面积为 25% ~ 50% 4 级：霉菌在样品表面的覆盖面积大于 50% 5 级：长满整个样品表面

4.1.4　抗菌（防霉）功能纺织品的应用

抗菌功能纺织品应用非常广泛，包括一般用途和特定用途（图 4-3）。常见的一般用途有各种抗菌服装（内衣、内裤、睡衣、运动衣、防晒衣、保暖衣、家居服、袜子等）、床上用品（床单、被套、毛毯）、鞋垫、沙发罩、毛巾等各类抗菌功能纺织品。特定用途如医用、产业用，如应用于医疗的手术缝合线、口罩、手套等，产业用的过滤布、汽车坐垫与内饰等纺织品。部分产品见图 4-6。

　　李宁公司推出了一款兼具超高弹性和塑形功能的"翘俏裤"（图4-7），可以在强度高和出汗量大的混合体能运动中持久保持清爽无异味。其 INNOLOCK 面料添加了 ZPTech 锌基（吡啶硫酮锌）广谱抗菌防霉剂，可有效防止细菌和真菌（包括霉菌和藻类）的生长。抗菌防霉剂渗入到纤维和纱线中，使服装整体抗菌防霉效果持久，经 50 次家庭洗涤后，ZPTech 锌基抗菌技术处理的涤纶和莱卡弹性织物对细菌、真菌的抑制作用仍达到 99.99%。

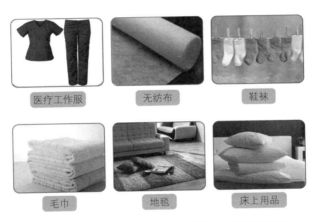

医疗工作服　　无纺布　　鞋袜

毛巾　　地毯　　床上用品

图 4-6　常见的抗菌纺织品的应用方向（部分产品）

图 4-7　李宁公司推出的"翘俏裤"

4.2 防臭（消臭）功能纺织品

4.2.1 防臭（消臭）功能纺织品的定义

衣服与皮肤接触后会黏附皮脂、汗、微生物、死亡的表皮细胞、个人护理用品残留物、微生物入侵产生的物质等，最初无臭的腺体分泌物滋养了微生物进行新陈代谢，而且这些腺体分泌物易被氧化，之后在皮肤上形成新的发臭物质，随后又转移到织物上成为臭味来源（图4-8）。

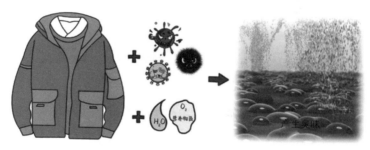

图4-8 纺织品臭味产生的示意图

可产生臭味的物质，主要为硫化物及氮化物，如氨气（汗臭、尿臭、臭肉味）、硫化氢（臭鸡蛋类腐败臭）、三甲胺（鱼类腐败臭）、甲基硫醇（大葱、烂菜叶的腐败臭）、各种酸（柠檬酸、草酸、乳酸、醋酸等）（酸臭味）。纺织品臭味的产生也跟细菌、真菌等微生物繁殖有关，与抗菌（防霉）相同，防臭也是阻止细菌、霉菌等微生物的滋生，但防臭更有针对性。

防臭功能纺织品，就是具有抗菌、防臭或消臭功能的纺织品，从机理上来说，有**防臭**和**消臭（除臭）**两种。防臭着重抗菌，消臭着重对臭味的处理。抗菌主要是抑制微生物的繁殖或直接杀死微生物从而抑制臭味的产生。而消臭主要是采用物理吸附或化学反应去除臭味分子，比如大分子金属络合物通过分解、氧化、还原、中和、加成等化学反应使有臭味的物质转化为无臭物质；又如以铁－酞菁衍生物为主要成分的消臭剂能分解有臭味的硫化氢、氨、硫醇等，达到脱臭、消臭的目的。

4.2.2　防臭（消臭）功能纺织品的生产和分类

前一节介绍过的抗菌纤维和抗菌整理剂，均有抗菌防臭性能或功能。就防臭（消臭）而言，特别是消臭（除臭）整理主要基于**吸附－解吸**原理和**催化分解**机理。**吸附－解吸**是基于吸附剂和挥发性物质产生化学反应，由于配位键及共价键吸着，如过渡金属可与臭味分子形成配位键结合，故臭味分子不会再放出，是一种较好的除臭方法。**催化分解**是利用纳米二氧化钛、纳米二氧化硅、纳米氧化锌等纳米催化剂，在一定条件下使臭味分子氧化，生成无臭味的物质，达到消臭的目的。防臭（消臭）纺织品的生产（制备）方法或机理，详见图 4-9。

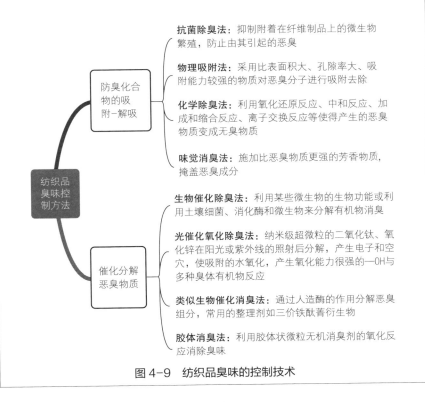

图 4-9　纺织品臭味的控制技术

4.2.3 防臭（消臭）功能纺织品的评价与检测

常见的消臭效果检测方法有检测管法（或检知管法）、气相分析法、臭味传感器法、感官法（或嗅觉法）等。根据日本 JEC 301—2013《SEK 标识纤维制品认证基准》规定，**检知管法**为检知管内装有显色剂，当被测气体通过检知管时，管内指示剂发生显色反应，通过管内变色刻度可直接读出气体的浓度，此法灵敏度高，但是只能对单一气体进行测定。GC-MS 法（gas chromatography-mass spectrometer，即气相色谱－质谱联用分析法，简称气相分析法），即试样在容器中放置一定时间，用样品瓶装取一定量的待检气体，测试试样放置容器前后容器内的臭气浓度。此法准确度和精度高，但不能进行快速测定。**嗅觉法**是通过人的嗅觉感知臭气的强度分成不同等级，此法可获得直接的感官结果，但不能确定臭气成分。部分测试标准如表 4-7 所示。

表 4-7　防臭纺织品的性能测试标准（部分）

标准编号和名称	测试方法 / 指标
GB T 33610.1—2019《纺织品　消臭性能的测定　第 1 部分：通则》	—
GB T 33610.2—2017《纺织品　消臭性能的测定　第 2 部分：检知管法》	检知管法
GB T 33610.3—2019《纺织品　消臭性能的测定　第 3 部分：气相色谱法》	臭味气体浓度

国内评定纺织品消臭性能的方法由 GB/T 33610.2—2017《**纺织品　消臭性能的测定　第 2 部分：检知管法**》规定，是将试样与异味气体（氨气、醋酸、甲硫醇、硫化氢等异味气体）接触规定时间后，用检知管分别测定含有试样的采样袋和空白采样袋中异味成分的浓度，计算异味成分浓度减少率（ORR）。每种异味成分单独进行试验，试验报告气体种类及试验结果，包括每个试样袋中的异味成分的浓度及其平均值、样品的异味成分减少率。

感官法（或**嗅觉法**）是将试样（面料、絮棉、羽绒、纱线等）放入 500mL 的锥形瓶内，加入异味强度相当于 3.5 浓度的异味成分；2h 后将锥形瓶内的空气异味与标准异味（相当于 2.0 的异味强度）比较，并进行判定；然后取出试样，将 1min 后闻到的异味（试样的异味）与标准异味比较并进行判定。该法由 6 位检测员依次进行判定，评定标准如表 4-8 所示，试验操作示意如图 4-10 所示。6 个检测员中 5 人及以上判定试验后的异味等同或低于标准异味强度，即为合格产品。

表4-8　嗅觉法评定标准

异味强度	感觉臭的强度
0	无臭
1	有点感觉（检测值）
2	臭气很弱
3	清楚感觉到臭（感觉值浓度）
4	臭味较强
5	臭味强烈

图4-10　嗅觉法试验

4.2.4　防臭（消臭）功能纺织品的应用

抗菌防臭纤维、织物等纺织品应用十分广泛，可用于医疗领域，如无菌手术衣、手术帽、无菌病房床上用品、病房用品、病员服、无菌工作服等；服装用，如睡衣、内衣裤、运动衫裤、鞋垫、鞋衬、袜子及军服等；室内家居及装饰用，如床单、被罩、窗帘、地毯、椅罩、沙发布、台布、壁布、屏风；日用杂品，如毛巾、手帕、手套、浴巾、抹布、布玩具等。

某抗菌除臭整理剂适用于各种纺织物如纯棉、混纺、化纤、无纺布、皮革等，抗菌率大于 99.9%、耐洗涤 30 次以上不变色。某抗菌消臭袜子（图 4-11）通过萃取植物精华添加到其棉纤维中，具有良好抗菌消臭功能，其测试出的性能指标见表 4-9。

图 4-11　某抗菌消臭袜子

表 4-9　某抗菌消臭袜子的性能指标

检测项目	项目描述	标准值 /%	实测值 /%	评价	执行标准
抗菌性	金黄色葡萄球菌抑菌率	≥ 80	99.7	符合	FZ/T 73023—2006《抗菌针织品》
	大肠杆菌抑菌率	≥ 70	92.9		
	白色念珠菌抑菌率	≥ 60	99.0		
消臭性能	氨气异味成分浓度减少率	≥ 70	81.2	符合	GB/T 33610.2—2017《纺织品　消臭性能的测定　第 2 部分：检知管法》
	醋酸异味成分浓度减少率	≥ 70	96.3	符合	
	异戊酸异味成分浓度减少率	≥ 85	93.9	符合	GB/T 33610.3—2019《纺织品　消臭性能的测定　第 3 部分：气相色谱法》

4.3 防螨功能纺织品

4.3.1 防螨功能纺织品的定义

螨虫（图 4-12）和蜘蛛同属蛛形纲动物，身体结构有别于昆虫，体长通常为 0.1 ~ 0.5mm，需要在显微镜下才能观察到。螨虫普遍存在于家居纺织品中，如地毯、坐垫、枕头、被褥、衣物、毛绒玩具等。常见螨虫有尘螨、恙螨、革螨、蠕形螨、疥螨和粉螨等，可能会引起过敏性疾病（哮喘、鼻炎、皮肤过敏等）、寄生性皮肤疾病、传播性疾病等，从而影响人体健康。

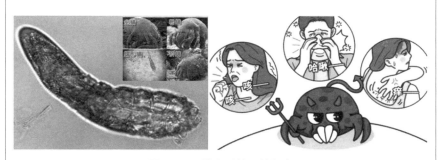

图 4-12　螨虫形貌及其危害

单纯从对螨虫的处理来看，有直接杀螨法、驱赶法和阻断法，如图 4-13 所示。第一，直接杀灭螨虫，是利用物理方法或化学方法将螨虫杀灭。物理方法如日晒、加热、电磁波、红外线等法可使织物干燥，破坏螨虫的生活条件。化学杀螨法是使用杀虫剂，如除虫菊提取物、脱氢醋酸、芳香族碳酸酯、二苯基醚等。第二，驱避螨虫，常使用一些带有螨虫害怕的气味或味道的物质（驱避剂）将螨虫驱走。驱避螨虫有触觉、嗅觉、味觉驱避之分。目前使用的有机驱避剂如除虫菊酯系是通过接触作用于螨虫的神经系统；而甲苯酰胺系驱避剂是通过气化作用于螨虫嗅觉器官。第三，阻隔螨虫，采用致密的织物不让螨虫通过，如将枕头、床垫、被褥等套入致密被褥套内，可实现隔离尘螨的目的。

防螨功能纺织品是具有防螨驱螨功能的纺织品，包括天然纤维、化学纤维以及纤维混纺制成的防螨纺织品。

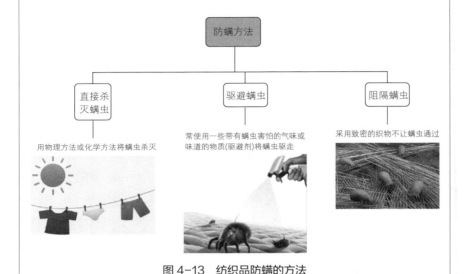

图 4-13　纺织品防螨的方法

4.3.2　防螨功能纺织品的生产和分类

防螨功能纺织品的加工方法，包括使用**功能性纤维法**、**织物后整理法**和**高密织物阻隔法**。

① 功能性纤维法，是将防螨整理剂添加到成纤聚合物中，经纺丝后制成防螨纤维。一种是在聚合物聚合过程中添加防螨整理剂，然后纺丝；另一种是制成防螨母粒，然后和聚合物切片混合再纺丝。

② 织物后整理法，是用防螨整理剂对织物进行后整理，其实施方法有喷淋、浸轧、涂层和微胶囊法等。该方法主要是在纺织品中添加防螨剂以驱避螨虫，要求添加后织物无异味，不降低织物的物理性能指标，但需要考虑耐洗涤和耐气候性。常用的防螨整理剂主要包括脱氢醋酸、芳香族羧酸酯类、甲苯酰胺系、有机磷系等有机整理剂和柏树精油等天然驱避剂，以及某些无机防螨整理剂。

③ 高密织物阻隔法，主要是依靠织物本身编织紧密或具有的微孔结构以防止螨虫的侵入或穿透织物，但不能驱避或杀灭螨虫。例如用这种高密织物制作床单，床单上的螨虫不能进入床单下的床垫，但螨虫仍可依靠人体的分泌物等生存繁殖。

4.3.3　防螨功能纺织品的评价与检测

防螨功能纺织品的测试与评价，有**防螨测试和耐久性测试**（图 4-14 ）。

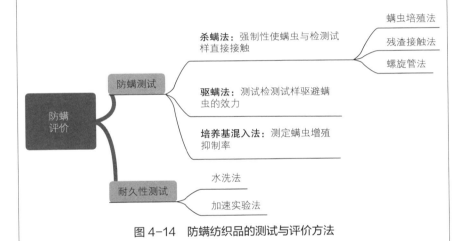

图 4-14　防螨纺织品的测试与评价方法

防螨测试分为杀螨法、驱螨法和培养基混入法，分别测试死亡率、驱螨率、螨虫抑制率等指标。例如，标准 GB/T 24253—2009《**纺织品　防螨性能的评价**》和 FZ/T 62012—2009《**防螨床上用品**》就是通过驱螨率（驱避率）、螨虫抑制率来评价防螨性能。测试时，将试样和对照样分别放在培养皿内，在规定的条件下同时与螨虫接触。经过一定时间培养后，对试样培养皿内和对照样培养皿内存活的螨虫数量进行计数，根据所采用的试验方法计算驱螨率或螨虫抑制率，来评价防螨的效果。

耐久性测试是测试防螨功能纺织品在使用一段时间后的防螨效果（持久性），有水洗法和加速实验法。水洗法就是按照一定的洗涤条件，将防螨纤维及其织物水洗规定的次数以后，再测定处理后的防螨效果。加速实验法就是将防螨织物在一定的处理条件下，进行加速实验：在日光照射下，在81℃下处理48h；或者用耐晒牢度计（碳弧灯）在63℃下处理80h等。

国内外的防螨纺织品测试标准很多，我国对防螨纺织品的产品标准和方法标准见表4-10。根据GB/T 24253—2009《纺织品　防螨性能的评价》，测试指标与效果评价见表4-11。

表4-10　防螨纺织品的产品标准和方法标准（部分）

标准编号与名称	备注
T/TZJF 002—2018《防螨家用纺织品》	产品标准
T/NTTIC 006—2017《防螨家用纺织品》	
T/ZZB 1146—2019《防螨抗菌被子》	
FZ/T 62012—2009《防螨床上用品》	
CAS 179—2009《抗菌防螨床垫》	
T/HOMETEX 14—2020《益生菌抗菌防螨家用纺织品》	
JISL 1920—2007《纺织品抗家庭尘螨效果的试验方法》	驱避法
GB/T 24253—2009《纺织品　防螨性能的评价》	驱避法和抑制法
FZ/T 01100—2008《纺织品　防螨性能的评定》	螨虫死亡率、驱避率

表4-11　GB/T 24253—2009的测试指标与效果评价

测试方法	驱避率	防螨效果描述
驱避法	≥95%	样品具有极强的防螨效果
	≥80%	样品具有较强的防螨效果
	≥60%	样品具有防螨效果
抑制法	≥95%	样品具有极强的防螨效果
	≥80%	样品具有较强的防螨效果
	≥60%	样品具有防螨效果

4.3.4 防螨功能纺织品的应用

防螨功能纺织品广泛应用于床上用品，如枕头、被子、床垫、床单等；家居用品，如地毯、沙发套、墙布、幕帘（窗帘）、家具布、装饰织物、褥垫填充物、坐垫、毛巾、毛绒玩具等；服装用，如内衣、袜子、运动衣、休闲装等；产业用，如空气过滤材料、医疗用纺织品、军用纺织品等。部分应用例子如图4-15所示。

图4-15　防螨床上用品和地毯

4.4　防蚊功能纺织品

4.4.1　防蚊功能纺织品的定义

蚊子种类很多，常见的有按蚊、库蚊及伊蚊，以刺扰伊蚊的危害最严重。雌蚊的嗅觉灵敏，对人体呼吸和新陈代谢所产生的二氧化碳及乳酸等挥发物非常敏感。蚊虫在叮咬的时候，会伴随疟疾、丝虫病、登革热和流行性乙型脑炎等常见的蚊媒病病原体的传播。因此，蚊虫防治工作十分重要。

防蚊虫方法主要有三种（图4-16）。第一种方法是采用杀蚊喷雾对环境中的蚊子进行驱避或杀灭。这种方法使用简便、经济实惠，但是效果并不持久，需持续使用。由于蚊香或杀虫气雾剂所释放出的烟雾或药剂会对人体产生一定的伤害，因此不适合长期使用。第二种方法是在人体裸露的皮肤上涂抹防蚊剂或驱避剂。驱避剂具有蚊虫所厌恶的气味，从而发挥驱避作用。第三种方法是对经常与人体接触的纺织品进行防蚊加工整理，使诱蚊信息素不再通过面料向周围环境散发，或者使其对蚊子有驱避作用。

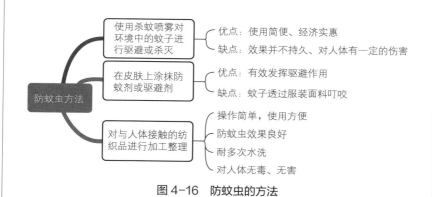

图4-16　防蚊虫的方法

防蚊功能纺织品是指对蚊虫具有击倒、杀灭和驱避特性的功能纺织品。防蚊功能纺织品甚至还对蝇、蚤、虱、蛀虫等具有高效、快速的击倒、灭杀或驱避作用。如防蚊服（图4-17）。

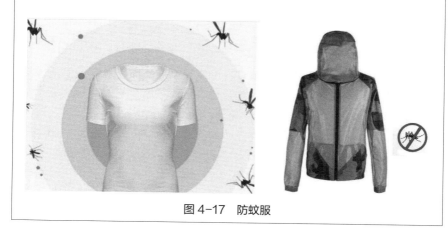

图4-17　防蚊服

4.4.2　防蚊功能纺织品的生产和分类

防蚊功能纺织品生产方法,可分为防蚊虫纤维制备和防蚊虫织物后整理。

① **防蚊虫纤维制备**,主要生产方法是在高密度聚乙烯纤维喷丝过程中加入氯菊酯母粒,氯菊酯母粒用量占高密度聚乙烯纤维用量的 2%。由于聚乙烯树脂内部分子间的空隙较大,纤维中的氯菊酯会逐渐从内向外迁移,覆盖在纤维表面,因此,虽然纤维经洗涤或其他类似作用表面的药物会脱落,但在太阳下晾晒 4h 左右,纤维表面就会渗出足够的药物。将防蚊虫纤维织成 0.4mm×0.4mm 的网孔面料,在使用过程中昆虫接触到纤维上的药物便会被杀灭。

② **防蚊虫织物后整理**,就是应用防蚊虫整理剂对纺织品进行后整理加工。其加工方法主要有**浸渍法、浸轧法、喷雾法、微胶囊法**等。浸渍法,是将染色后的织物按照防蚊虫整理剂的工艺配方进行浸渍,防蚊虫效果的耐洗性较好。浸轧法,是通过浸轧方式将防蚊虫整理剂液体均匀渗透于织物中,再通过高温定型,使防蚊虫整理剂和织物牢固结合。喷雾法,是将防蚊虫整理剂以一定比例稀释,用喷雾的方法均匀喷涂于织物上,然后烘干。微胶囊法,是先将防蚊虫整理剂(蚊虫驱避剂、杀虫剂)制成微囊防蚊剂,然后在特定的温度、时间等工艺条件下,用固着剂(黏合剂)或其他交联剂使微囊防蚊剂牢固地附着在织物纤维上,在纤维表面形成不溶于水及一般有机溶剂的驱蚊药膜。这种药膜能散发出蚊、蝇等所厌恶的气味,使蚊、蝇等不愿在含有防蚊剂的织物上停留而逃跑,或者蚊、蝇一接触织物,就立即被击倒或杀灭。

具有驱避效能和杀蚊效能的化合物有许多种(图 4-18),但效果差异较大。理想的驱避剂和杀虫剂具有高效、快速、对人体无害无刺激、无难闻气味、性质稳定、价格低廉、使用方便等优点。

4.4.3　防蚊功能纺织品的评价与检测

GB/T 13917.9—2009《**农药登记用卫生杀虫剂室内药效试验及评价　第 9 部分:驱避剂**》和 GB/T 30126—2013《**纺织品　防蚊性能的检测与评价**》规定了防蚊检测方法,只检测和评价纺织品是否具有防蚊效果。T/CTCA 3—2017《**氯菊酯防蚊面料**》明确了氯菊酯可以用于

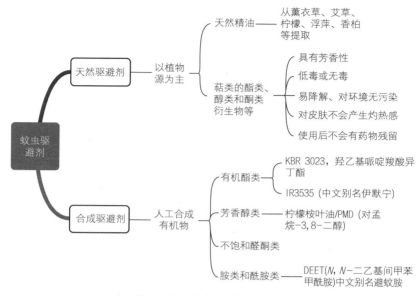

图4-18　蚊虫驱避剂的种类

纺织品防蚊加工，并明确了氯菊酯用于纺织面料的含量限制要求和防蚊驱避效果。防蚊驱避率按非直接接触皮肤纺织品、直接接触皮肤纺织品、儿童纺织品三个类别，均分为合格品、A级、AA级三个级别，以防蚊驱避率（％）为评价指标（表4-12）。

表4-12　T/CTCA 3—2017 对防蚊纺织品的评价指标

类别	AA 级（驱避率 /%）		A 级（驱避率 /%）		合格品（驱避率 /%）	
	未经水洗	水洗 20 次	未经水洗	水洗 15 次	未经水洗	水洗 10 次
非直接接触皮肤纺织品	70	40	60	30	50	30
直接接触皮肤纺织品	70	40	60	30	50	30
儿童纺织品	70	30	60	30	50	30

　　GB/T 30126—2013《**纺织品　防蚊性能的检测和评价**》，采用的测试蚊子是雌性的白纹伊蚊和淡色库蚊。该标准的测试方法主要有驱

避法和**强迫接触法**，评价指标见表 4-13。驱避法（采用较多）：具有一定攻击力的蚊虫置于有试样的空间内，其中试样附于人体或供血器上，计数在规定时间内蚊虫在待测试样和对照样表面的停落数，以**驱避率**来评价织物的防蚊性能。强迫接触法：蚊虫置于有试样的空间内，压缩空间迫使蚊虫接触试样，计数在规定时间内被击倒的蚊虫数和死亡的蚊虫数，以**击倒率**和**杀灭率**来评价织物的防蚊性能。

表 4-13　GB/T 30126—2013 防蚊等级参照表

防蚊等级	A 级	B 级	C 级
驱避率	>70%	70% ~ 50%	50% ~ 30%
驱避效果	具有极强的驱避效果	具有良好的驱避效果	具有驱避效果
击倒率	>90%	90% ~ 70%	70% ~ 50%
击倒效果	具有极强的击倒效果	具有良好的击倒效果	具有击倒效果
杀灭率	>70%	70% ~ 50%	50% ~ 30%
杀灭效果	具有极强的杀灭效果	具有良好的杀灭效果	具有杀灭效果

4.4.4　防蚊功能纺织品的应用

防蚊功能纺织品广泛用于床上用纺织品（如蚊帐）、窗帘、服装（包括运动服、户外服装、童装、袜子等），以及睡袋、军用服装等（图 4-19）。

蚊帐　帐篷　睡袋　军用服装

图 4-19　防蚊纺织品的应用（部分）

防蚊服主要采用物理（隔离）防蚊方法，可应用于野外作业。蚊患严重的新疆、云南等地的边防部队使用的防蚊服，目前已发展到第七代。历代防蚊服的主要特点见表 4-14，外观如图 4-20 所示。

表 4-14　中国边防部队使用的防蚊服

代别	主要特点
第一代	质地轻便，透气性好；但易磨损，防蚊效果差，领口袖口处小蚊容易钻入
第二代	防蚊效果较好，面料结实，易于伪装；但质地厚重，穿着舒适感差
第三代	外观仿 07 式迷彩服，穿着舒适，增加了护目镜，便于训练和观察；但透气性较差，领口处防蚊效果差
第四代	面料改为网状结构，透气性有所改善，防护效果好，但材料为棉料，穿着时太热
第五代	增加了帽徽；颜色上为丛林迷彩，有利于官兵隐蔽；防蚊帽增加防水玻璃镜和松紧式套带；去掉了双层网状结构；网格更小、更细密；没有药味，穿着更舒适
第六代	衣服的纹理结构更加紧密，增加了护膝、护肘，防蚊效果得到较大的改善，非常利于训练；但透气性稍差，散热不好
第七代	更加轻便（总质量 < 1kg）、透气，防蚊面料采用双层网状结构，防蚊效果比前一代更好；另配套护膝、护肘、手套等部件，增加防蚊及保护作用

图 4-20　中国历代军用防蚊服

4.5　芳香保健功能纺织品

4.5.1　芳香保健功能纺织品的定义

香味是一种人体嗅觉行为的感受。香味不仅能使人舒服愉快、产生美好的遐想，还具有许多保健功效，如提神、镇静、缓解压力或催人兴奋甚至杀菌抑菌等作用（表4-15）。有香味的物质所含化学成分不同，所表现的香型也不同。

表4-15　芳香药物及其功效

芳香药物	功效
杜松、香草、丁香、薰衣草、牛膝草、薄荷、洋葱、牛至、迷迭香、鼠尾草、松节油、大蒜、春黄菊	镇静作用
迷迭香、牛至、百里香、大茴香、牛膝草、洋葱、海水草	镇咳去痰
大蒜、春黄菊、薰衣草	杀菌作用
杜松、香草、姜、丁香、薰衣草、薄荷、肉豆蔻、洋葱、橘、迷迭香、檀香、鼠尾草、百里香、大蒜、春黄菊、肉桂、柠檬	止泻作用
薰衣草、牛膝草、薄荷、洋葱、迷迭香、鼠尾草、百里香、大蒜、春黄菊、肉桂、水杉、柠檬、桉树	防治感冒
小茴香、姜、牛至、大蒜、春黄菊、葛缕子、鼠尾草、百里香、龙蒿	促进食欲
罗勒、春黄菊、薰衣草、牛膝草、橘、灯花油、茉莉	催眠作用

芳香疗法，就是通过人体吸收或皮肤直接接触芳香物质（或香气），使香气分子进入人的呼吸系统和循环系统，刺激大脑皮层中枢神经，引起人体一系列生理反应，达到保健、防病、治病的目的。**芳香保健功能纺织品**，是利用各种制备方法赋予纺织品芳香（香味）保健的功能，包括香味纤维、香味纱线和香味织物等。芳香（香味）纺织品可以改善室内空气，令人心情舒畅、精神愉悦，有一定保健作用。

4.5.2　芳香保健功能纺织品的生产和分类

芳香纺织品的赋香方法主要有芳香纤维法（纤维加香）和织物后整理赋香法（织物加香）（图4-21）。

芳香纤维法，就是用一定比例的芳香纤维纺成纱线，然后织成织物。这种方法既能保证足够长的留香时间，又能使香味的浓度不受外界环境的影响。主要制备方法有共混法、复合纺丝法等，将芳香物质加到纤维上，制备芳香纤维，然后采用芳香纤维织造成香味纺织品，或制成服装。

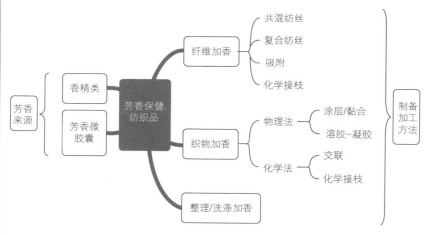

图4-21　芳香纺织品制备方法

织物赋香法，通过物理或化学方法的后整理技术，将香料整理到织物上，多采用浸渍、浸轧、涂层、印花、喷雾、溶胶－凝胶、化学交联、化学接枝等方法。浸渍法多适合成衣的芳香整理，是把水溶性香料溶于水中用其浸泡织物，或在染色加工过程中加入香料，此法制得的芳香效果持久性不佳。浸轧法、印花法、喷雾法等适合坯布的连续整理。一些新型的芳香整理技术见图4-22，其中微胶囊芳香整理技术是较常用的方法。

新型芳香后整理技术——将芳香物质浸涂到织物上，或把芳香物质容纳在织物涂层的皮膜晶格结构中，得到长效芳香织物

微胶囊技术——将各种芳香物质整理到纺织品中。在运动时，微胶囊与身体产生摩擦，香味的有效成分被释放，可产生咖啡、玫瑰、茉莉、草莓、香草等各种令人愉悦的味道

功能性修饰法——从野猪身上提取的蛋白OBP-I与来自纤维瘤菌FIMI的CBMN1融合，然后与棉织物功能化芳香前驱体一起培养，最终制得功能化棉织物

把碳水化合物结合模块CBMN1与SP-DS3肽融合，将蛋白质锚定在含有香味的脂质体中，再将功能化的脂质体用于棉织物的整理

图 4-22　芳香纺织品的新型赋香方法

　　微胶囊芳香整理，是把香精包覆固定于一类用含高吸水性基的色喹烷、琼脂或环氧树脂等材料制成的微胶囊内（图 4-23），然后通过黏合剂的作用以印花或后整理等方式，使含香精的微胶囊附着于纺织品上。开始时，微胶囊外层的香精散发香味，随后在纺织品的穿着过程中由于摩擦、受热等外来作用，使微胶囊内部的香精缓缓地释放香味，起到长效缓释、持久的芳香功能。这种**微胶囊**芳香纺织品的香味持久性受微胶囊的形状、粒径、皮芯比，以及香精的香型、用量、附香工艺等影响，其关键是使其中长效释香（可达半年以上）。

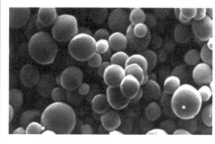
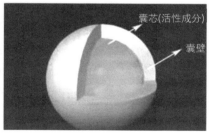

囊芯(活性成分)
囊壁

图 4-23　赋香微胶囊的结构

　　用香味微胶囊对纺织品进行香味整理，可根据需要制成具有安神

催眠、杀菌消毒等各种不同功能的纺织品。微胶囊可以减少香精挥发损失，使香味更持久，使用方便，适用于芳香医疗保健纺织品及家纺类纺织品。

4.5.3　芳香保健功能纺织品的评价与检测

芳香保健功能纺织品的评价主要分为香型香味的评价、保香期的评价、保健功效的评价。其中，保香期的测定可以使用**感官法**、**机洗法**、**仪器法**，如图 4-24 所示。

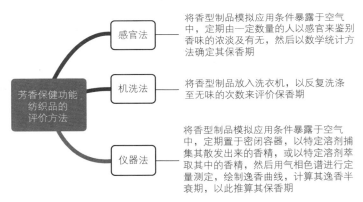

图 4-24　芳香保健功能纺织品的评价方法

嗅觉感官评价香味浓度仍是目前最有效的芳香纺织品的评价方法。传统的嗅觉感观方法高度依赖受测者的主观判断，结果可能失真，效率较低，成本较高，数据质量不高。现代 AI 香味评价系统可以通过人脸识别技术，判断用户闻香后脸部微表情（愉悦、沉浸、好奇、负面等情绪）并进行多维度的分析，可以提高嗅觉感观法的准确度与效率，可信度更高。

目前，还没有针对芳香（香味）纺织品的产品标准与测试方法标准。可参考一些涉及气味（异味）检测的标准，如 GB 18401—2010《**国家纺织品产品基本安全技术规范**》、GB/T 18885—2009《**生态纺织品技术要求**》等。

4.5.4 芳香保健功能纺织品的应用

芳香型纤维及纺织品的应用主要集中在被褥、枕头、床垫、靠垫等床上用品，毛巾、浴巾、沙滩巾、手帕、头巾、装饰巾等家纺类纺织品，以及地毯、家具布、窗帘、布玩具、各种布艺、抽纱制品、布艺摆饰、花边等室内装饰织物，还有内衣、T恤、长筒袜、紧身衣、毛衣、领带、短袖衫、圆领衫等服装领域（图4-25）。

图4-25 芳香保健功能纺织品的应用（部分）

香味物质方面，床上用品和室内装饰品可以用薰衣草、天竺葵、春黄菊、牛膝草、肉桂等香味，有助于消除疲劳、提高睡眠质量；在办公环境里，可穿戴茉莉、玫瑰、香柠檬等香味服装，可以起到觉醒作用，提高工作效率。

4.6 磁疗保健功能纺织品

4.6.1 磁疗保健功能纺织品的定义

地球是一个被磁场包围的球体，磁场对地球上的生物均有不同程度的影响。对于人体，磁场影响人体神经、体液系统的生理活动。有关资料证明磁场效应对人体健康有许多益处，如图4-26所示。

磁疗保健功能纺织品是加载磁性材料的一类纺织品。该类纺织品应用不同类型和强度的外磁场作用于人体患部或反射区（经络穴位），利

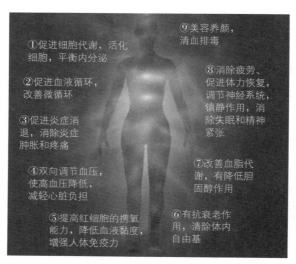

①促进细胞代谢，活化细胞，平衡内分泌

②促进血液循环，改善微循环

③促进炎症消退，消除炎症肿胀和疼痛

④双向调节血压，使高血压降低，减轻心脏负担

⑤提高红细胞的携氧能力，降低血液黏度，增强人体免疫力

⑨美容养颜，清血排毒

⑧消除疲劳、促进体力恢复，调节神经系统，镇静作用，消除失眠和精神紧张

⑦改善血脂代谢，有降低胆固醇作用

⑥有抗衰老作用，清除体内自由基

图 4-26　人体磁场及磁场对人体的作用

用磁场的物理能量改善人体细胞代谢、局部微循环，加强局部组织营养和氧供应，进行神经调节等，增强人体机能及免疫力，起到医疗保健甚至治疗疾病的作用。

4.6.2　磁疗保健功能纺织品的生产和分类

磁疗保健功能纺织品通常是将具有一定均匀磁场强度的磁性功能纤维加工成磁功能纱线，再织成磁功能织物，再制成磁功能服装。制备磁性功能纤维是关键。根据基体纤维材质，磁性纤维可分为金属（包括合金）磁性纤维、有机磁性纤维和无机磁性纤维。如图 4-27 所示，制备方法大致有两种：一是通过添加磁性材料直接成型纺丝法制备磁性纤维，可制备金属或合金磁性纤维以及各种有机磁性纤维；二是通过对基体纤维进行磁性材料的填充、涂层、定位合成等化学、物理改性来制备有机磁性纤维。

例如，丙纶磁性纤维是一种芯－鞘结构的纤维，在芯层添加了高含量的磁粉。该磁性纤维的磁感应强度随着纤维中磁粉质量分数的增大而增大，在保证材料必要的流动性能及力学性能前提下，尽可能提高磁粉含量，获得磁性理想的纤维。特别地，为加强对人体的磁疗保健效果，可同时在磁功能基础上叠加远红外保健功能，使纺织品兼具磁疗与远红外双重保健功能。

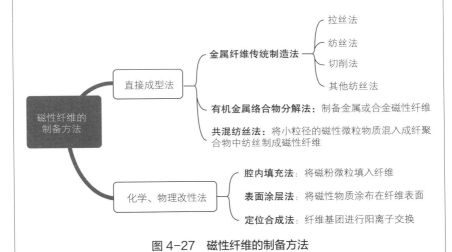

图 4-27　磁性纤维的制备方法

4.6.3　磁疗保健功能纺织品的评价与检测

对于磁疗保健功能纺织品，通常用**磁通量**和**磁感应强度**来表征纺织品磁性能。根据 FZ/T 01116—2012《**纺织品　磁性能的检测和评价**》，检测磁疗纺织品（加载磁粉纺织品）的磁感应强度，利用分辨率不低于 0.001mT 的特斯拉计测试试样上一定数量位置点的法向磁感应强度。当 0.02mT ≤磁感应强度 <0.10mT 时，织物评价为具有磁性；当磁感应强度≥ 0.10mT 时，织物具有较强的磁性。

根据 T/CHC（T/CAS）115.1—2021《保健功能纺织品　第 1 部分：通用要求》及 T/CHC（T/CAS）115.3—2021《**保健功能纺织品　第 3 部分：磁**》，对于具有磁功能的保健功能纺织品，其磁体织物表面磁感应强度应为 40 ～ 200mT，动物试验微循环血流量的增加量应不小于 8%。

4.6.4 磁疗保健功能纺织品的应用

磁疗保健功能纺织品有许多应用（见图4-28），可应用到床上用品、服饰制品和其他用品等，见表4-16。

表4-16 磁疗保健功能纺织品的典型应用

类型	典型应用
床上用品类	被芯、枕芯、枕套、被套、床垫、床单、床笠、睡袋、毛毯、枕巾、毛巾被等
服饰制品类	护腕、护膝、护腰、袜、帽子、手套、围巾等
其他用品类	腰带、腰垫、护膝、鞋垫等

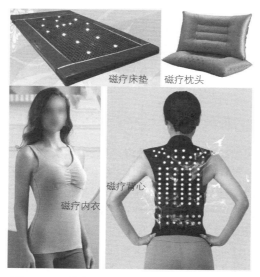

磁疗床垫 磁疗枕头

磁疗背心

磁疗内衣

图4-28 磁疗保健功能纺织品的应用（部分）

有资料表明，磁性护膝、护腕、头套等对关节增生疼痛、滑膜炎、偏头痛、挫伤及骨寒等均有明显的疗效。在文胸中加入磁疗布制成的**磁**

性保健内衣，对其包缚的肌肤可进行全方位、彻底的微按摩刺激，激活乳腺细胞，加速新陈代谢，起到健康美胸作用，而且在日常穿衣中即可达到磁疗的目的，方便易行。

4.7 负离子保健功能纺织品

4.7.1 负离子保健功能纺织品的定义

大气中的各种分子或原子在机械、光、静电、化学或生物能作用下能够被电离，其外层电子脱离原子核。使失去电子的分子或原子带正电荷，称之为正离子（或阳离子）；而脱离出来的电子再与中性的分子或原子结合，使其带有负电荷，则称之为负离子（或阴离子）。空气中的负离子，主要包括一些带负电的粉尘粒子以及大气电离产生的 O_2^-、O_2^-（H_2O）$_n$ 和水化羟基离子（H_3O_2）$^-$ 等。有关资料表明，环境空气中负离子的浓度不同，会影响人类健康（表 4-17）。

表 4-17 不同环境下负离子浓度与对人的健康影响

环境条件	负离子浓度 /（个 /cm^3）	对人的健康影响
多人操作的厂房	0 ~ 50	诱发形成各种疾病
都市室内	50 ~ 200	易诱发生理障碍等
公园	300 ~ 800	维持人体健康基本需要
离岸 5km 的海上	800 ~ 1000	保持人体健康需要
旷野	1000 ~ 2000	增强人体免疫力和抗菌力
山顶	2000 ~ 3000	杀灭病菌、减少疾病传染
森林	3000 ~ 4000	具有自然痊愈力

负离子具有较强的生物波发射功能，能防止人体老化和早衰，改善人失眠和皮肤干燥等症状，具有优良的除臭性能和医疗保健效果（图4-29），因此空气负离子又被称为"**空气维生素**"。

医学研究表明：对人体有医疗保健作用的是小粒径负离子，其具有

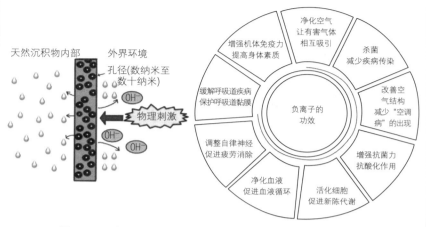

图 4-29　负离子产生机理（左）及对人体的保健功能（右）

良好的生物活性，易于透过人体的血脑屏障，发挥其生物效应。**负离子纺织品**是经过整理后富含负离子并可以自动、长期地释放负离子的纺织品。负离子服装直接与人体皮肤接触，在皮肤和衣服之间形成负离子空气层，发挥负离子消除疲劳、增强免疫力、改善睡眠等健康功效。

4.7.2　负离子保健功能纺织品的生产和分类

　　负离子功能性纺织品的加工主要有两类，一类是在纺丝等纤维制造过程中添加负离子整理剂，生产出负离子纤维（图 4-30）；另一类是使用负离子整理剂在织物上进行后整理，使纺织品具有产生负离子的功能。

　　其中，负离子纤维生产方法，主要有**共聚纺丝法**和**共混纺丝法**。**共聚纺丝法**是在聚合过程中加入负离子添加剂（电气石、稀土类矿石、陶瓷），制成具有释放负离子功能的切片，然后与高聚物一起纺丝。一般共聚纺丝法所得切片或母粒中的添加剂分布均匀，纺丝成形性好。**共混纺丝法**是在聚合或纺丝前，将负离子发生体制成与高聚物材料具有良好相容性的纳米级粉体，经表面处理后，与高聚物载体按一定比例混合，熔融挤出制得负离子母粒，再进行干燥，按一定配比与高聚物切片混合并纺丝，制备出负离子纤维。而织物负离子后整理方法，主要有浸渍、涂层等。

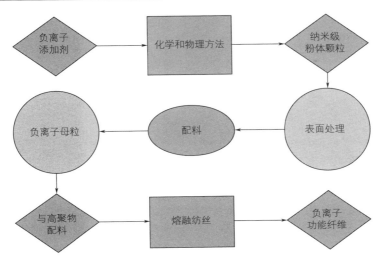

图 4-30　负离子纤维的制备过程

在纺织品使用过程中，镶嵌在纤维里面或表面的负离子添加剂（如珊瑚、托玛琳电气石粉末等）会发射电子，击中纤维周围的氧分子，使之成为带电荷的负氧离子。

4.7.3　负离子保健功能纺织品的评价与检测

　　纺织品负离子检测方法有多种（图 4-31），大致可分为静态法（静置法）和动态法。**静态法**是指在密封舱中，将待测纺织物置于空气离子测定仪下方，稳定后读取测试数据；**动态法**是在一定体积的测试仓中，在规定的条件下将试样进行摩擦，用空气离子测定仪测定试样与试样本身相互摩擦时在单位体积内激发出负离子的个数。

　　我国负离子保健纺织品的性能测试标准如表 4-18 所示，其中 GB/T 30128—2014《**纺织品　负离子发生量的检测和评价**》和 SN/T 2558.2—2011《**进出口功能性纺织品检验方法　第 2 部分：负离子含量**》规定了动态法测定纺织品负离子发生量。维持人体健康所需的负离子浓度应不低于 1000 个 /cm³，根据评价标准可知，负离子发生量大于 1000 个 /cm³，评定为发生量较高；负离子发生量在 550 ~ 1000

个 /cm³，评定为发生量中等；负离子发生量小于 550 个 /cm³，评定为发生量偏低。

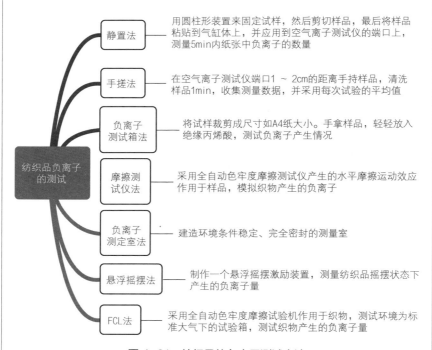

图 4-31　纺织品的负离子测试方法

表 4-18　负离子保健功能纺织品的性能测试标准（部分）

测试指标	标准编号与名称
负离子发生量	GB/T 30128—2013《纺织品　负离子发生量的检测和评价》
负离子浓度	SFJJ -QWX 25—2006　《负离子浓度检测》
负离子浓度	SN/T 2558.2—2011《进出口功能性纺织品检验方法　第 2 部分：负离子含量》

根据 T/CHC（T/CAS）115.1—2021《保健功能纺织品　第 1 部分：通用要求》及 T/CHC（T/CAS）115.2—2021《保健功能纺织品　第 2 部分：负离子》，负离子浓度指标范围按照静态法或动态法检测，静态法要求负离子增量 > 600 个 /cm^3，洗涤 30 次后 ≥ 500 个 /cm^3；动态法要求负离子增量 > 1000 个 /cm^3，洗涤 30 次后 ≥ 900 个 /cm^3。静态法或动态法其中一项符合要求者，即判定该纺织品达到负离子浓度指标要求。

4.7.4　负离子保健功能纺织品的应用

负离子保健功能纺织品除在服装和家用纺织品领域 [如内衣内裤、床上用品（图 4-32）、毛巾等] 的应用外，在装饰用纺织品（如装潢用的壁纸、地毯、沙发套、垫子等）、医疗卫生用纺织品（如手术衣、护理服、病床用品等）以及产业用纺织品（如空调过滤网、水处理材料等）也都有着广阔的应用空间。

图 4-32　负离子床垫（左）和枕头（右）

4.8　远红外保健功能纺织品

4.8.1　远红外保健功能纺织品的定义

太阳光线中位于可见光中红光外侧的光线为红外光（infrared radiation，IR），波长为 0.76 ~ 1000μm，是一种具有强烈作用的放射线。通常把红外线中 4 ~ 400μm 波长范围定义为远红外线，其中90%的波长在8～14μm。人体皮肤表面发射的红外光峰值波长为9～10μm，同时也在吸收红外线。根据匹配吸收理论，远红外线的振动频率与构成生物体细胞的分子、原子间的频率一致，其能量易被生物细胞吸收，使分子内的振动加大，由于温热效应、共振效应而具有良好保健作用（图4-33），如活化组织细胞，有助于消除疲劳、恢复体力；增强新陈代谢，缓解神经痛、肌肉痛；促进和改善血液及微循环，对心脑血管疾病有辅助医疗作用；消炎镇痛，对关节炎、肩周炎、气管炎、前列腺炎等炎症具有镇痛作用；促进吸收、增加血氧深度，提高免疫力等。

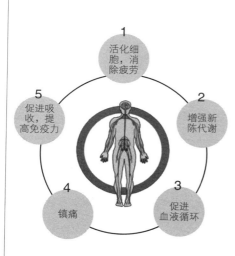

图4-33　远红外线对人体的作用

远红外保健功能纺织品是指加载高效远红外线发射材料，通过发射远红外线作用于人体，产生热效应，从而改善微循环作用的保健功能纺织产品。远红外保健功能纺织品里的远红外物质吸收太阳光、环境或人体等外界的能量而使皮肤与织物之间的温度升高，然后以远红外线的形式向人体辐射（一方面通过对流和传导将本身的热量传递给人体，另一方面人体细胞受远红外线辐射产生共振吸收，加速本身分子的运动），使服装具有保暖、保健甚至抗菌等功能（图4-34）。

4.8.2　远红外保健功能纺织品的生产及分类

远红外保健功能纺织品的生产可分两方面（图4-35），一是远红外纤维的制备，然后利用纤维加工成纺织品；二是采用后整理将远红外功能材料处理到织物中，制成远红外面料，然后制成服装或其他产品。

远红外功能纤维制备，主要有直接混合纺丝法、全造粒混合纺丝法

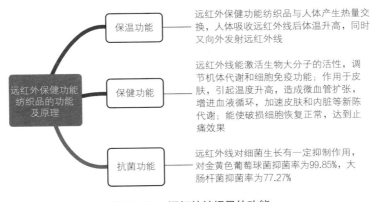

图 4-34　远红外纺织品的功能

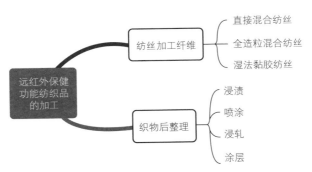

图 4-35　远红外纺织品的加工方法

和湿法黏胶纺丝法。**直接混合纺丝**的生产流程，是将远红外辐射材料超微化，制成纳米－亚纳米超微粉体→将远红外材料超微粉体和纤维切片烘干→加入载体树脂、偶联剂、分散剂，进行高速捏合→高温下经双螺杆挤出，制成远红外功能纤维母粒→纤维母粒和纯纤维切片混合，通过熔融、挤压纺丝，纺出长丝或短纤维→经卷绕、牵伸、加弹、加捻或卷曲，即制得远红外合成纤维。**全造粒混合纺丝**，是将纤维母粒和纯纤维切片混合，高温下经双螺杆挤出，制成母粒，然后将母粒按普通纤维切片纺丝工艺进行纺丝。这种工艺的优点是聚合物和远红外粉体混合均匀，提高了可纺性，缺点是增加了一道全造粒工序。目前，该方法是国内生产远红外丙纶纤维普遍采用的方法。**湿法黏胶纺丝**，是将制好的远红外微粉和分散剂分散在水中，充分搅拌和研磨，形成远红外乳浆料→碱纤维素黄化终了后，在溶解过程中将所得的远红外乳浆料均匀加入黏胶中→经充分搅拌后制成远红外黏胶纺丝液→按常规黏胶纤维纺丝工艺进行纺丝、酸洗等工序→经洗涤、烘干得到远红外黏胶纤维。

织物远红外整理，是在织物后整理过程中通过浸渍、喷涂、浸轧、涂层等方式将一定量的远红外发射材料（如托玛琳粉等远红外陶瓷粉）附着于织物上，制得远红外功能织物，后续再缝制成服装或其他产品。

4.8.3 远红外保健功能纺织品的评价与检测

远红外保健功能纺织品的性能表征，主要测试和评估**远红外辐射性能**、**远红外保温性能**以及**保健性能**，性能指标有远红外线反射率、远红外线透过率、远红外线吸收率、远红外线辐射升温速率等。相关测试标准和指标见表 4-19，测试方法见图 4-36。

表 4-19　远红外保健功能纺织品的产品标准和测试标准（部分）

标准编号和名称	测试指标
GB/T 30127—2013《纺织品　远红外性能的检测和评价》	远红外线发射率、远红外线辐射温升速率
FZ/T 64010—2000《远红外纺织品》	远红外线波长、法向发射率
T/CHC（T/CAS）115.1—2021《保健功能纺织品　第 1 部分：通用要求》	远红外线波长、法向发射率
GB/T 18319—2019《纺织品　红外蓄热保暖性的试验方法》	光蓄热性能、辐照度

参照标准 GB/T 30127—2013《**纺织品　远红外性能的检测和评价**》，对于一般样品，若试样的远红外线发射率不低于 0.88，且远红外线辐射温升不低于 1.4℃时，样品具有远红外性能；对于絮片类、非织造类、起毛绒类等疏松样品，远红外线发射率不低于 0.83，且远红外辐射温升不低于 1.7℃，样品具有远红外性能。

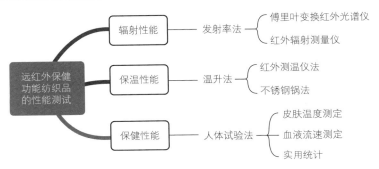

图 4-36　远红外保健功能纺织品的性能测试

　　而 T/CHC（T/CAS）115.1—2021《保健功能纺织品　第 1 部分：通用要求》及 T/CHC（T/CAS）115.5—2021《保健功能纺织品　第5 部分：远红外》要求，洗涤前法向发射率应不小于 0.85，洗涤 30 次后法向发射率应不小于 0.83，对于免洗类或一次性产品可不考核洗涤30 次后的指标；远红外线辐照温升应不小于 2.0℃；动物试验微循环血流量测试中，测试样品组的血流量增加量应不小于 16%。

4.8.4　远红外保健功能纺织品的应用

　　远红外纺织品按功能分类，主要有保温（蓄热）远红外纺织品、保健用远红外纺织品和卫生用远红外纺织品三类。具体应用上，有保暖服（滑雪衫、运动服、风衣等）、内衣等服装及配件，床上用品（床单、床垫、睡袋、被子、毛毯等），以及其他保健产品（坐垫、护膝、腰带、鞋袜、护肘、护腕、护腰和护肩）等。图 4-37 为某款兼具磁疗与远红外功能的内衣，具有良好保健作用。图 4-38为某款远红外功能鞋垫，具有防寒保暖、改善微循环及调节血压、按摩及活络穴位、抗菌除臭等功能。

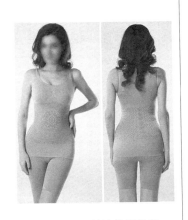

图 4-37　某款兼具磁疗
与远红外功能的内衣

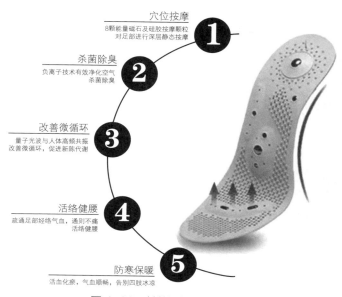

穴位按摩
8颗能量磁石及硅胶按摩颗粒
对足部进行深层静态按摩

杀菌除臭
负离子技术有效净化空气
杀菌除臭

改善微循环
量子光波与人体高频共振
改善微循环，促进新陈代谢

活络健腰
疏通足部经络气血，通则不痛
活络健腰

防寒保暖
活血化瘀，气血顺畅，告别四肢冰凉

图4-38 某款远红外功能鞋垫

远红外保健功能纺织品已向功能综合化发展，如和蓄热保温织物、电热织物、磁化织物相结合生产出了新一代复合功能性纺织品，在具有远红外线加热功能的同时，兼有更好的蓄热、保温、磁化等功能，对人体起到更好的保温、保健等作用。

第 **5** 章

产业用功能纺织品

　　功能纺织品除普遍用于服装和家居用品、装饰品之外，还可大量应用到航空航天、医疗卫生、保健、土木建筑、农业、汽车制造、食品加工、包装等产业领域。应用到各种产业的纺织品一般具有某些工程结构和一定的相关功能，广义上归类为**产业用功能纺织品**，从功能归属上或称为**技术性特殊功能纺织品**。

　　本章主要介绍医疗卫生、军警、航空航天、土木建筑、汽车等多个应用领域中比较典型的功能纺织品实例（图5-1）。介绍的产业用功能纺织品有各种形式，有纤维、纱线、面料、布料、服装以及其他成品。

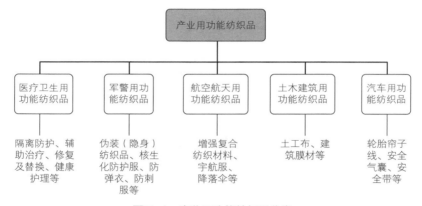

图5-1　产业用功能纺织品分类

5.1　医疗卫生用功能纺织品

5.1.1　隔离防护用纺织品

　　医用防护服和**隔离衣**，是医护人员至关重要的个人防护装备，用于保护医护人员（隔离病菌、颗粒物，防液体渗透和液态气溶胶穿透等）免受患者体液或其他传染性物质的感染，也能保护患者不被医护人员携带的病原体或者其他传染性物质感染，起到双向隔离的作用。防护服区别于隔离衣（图5-2），隔离衣是单件的衣服，而防护服通常是一整套的，包括衣服、头套等的全身防护的服装。防护服的安全及舒适性需要从面料、拉链、门襟、帽兜、袖口、裤脚以及胶条密封等方面进行综合考虑。

图 5-2　防护服（左 / 中）和隔离衣（右）

用于医用防护服或隔离衣的面料有一次性和重复性使用两种。一次性面料主要为聚丙烯非织造布、多微孔聚乙烯薄膜、聚四氟乙烯复合膜等，制备方法有纺黏法、熔喷法、水刺法、闪蒸法等。一次性材料使用后经过简单处理即可抛弃，在一定程度上降低了交叉感染的概率，但在后期处理时会对环境造成巨大压力。重复性使用材料包括传统机织布、高密结构织物、微孔薄膜和层压织物，使用后必须经过必要的清洗和消毒杀菌等措施，会造成水资源浪费，但舒适性较一次性材料好。通常，医用防护服一般通过以上材料复合而成，如用聚乙烯 / 聚丙烯纺黏非织造布与透气微孔薄膜复合，或水刺非织造布与透气微孔薄膜复合，或用木浆复合水刺非织造布等。

医用防护服的性能主要有防护性（密封性）、服用性、安全卫生性。

GB 19082—2009《医用一次性防护服技术要求》要求，防护服关键部位（左右前襟、左右臂及背部位置）具有抗渗水性，可耐静水压不低于 1.67kPa；抗合成血液穿透性不低于 2 级，5min 后不得穿透；外侧面沾水等级不低于 3 级。此外，还要防微颗粒物穿透，关键部位及接缝处对非油性颗粒物的过滤效率不低于 70%；服用性要求有足够的强度和尺寸稳定性，断裂强力不低于 45N，断裂伸长率不低于30%；穿着舒适性有透湿量要求；而安全卫生性则要求自身无毒，无皮肤刺激性，抗霉菌滋生。医用防护服和隔离衣的性能测试标准，见表 5-1。

表 5-1　医用防护服和隔离衣的性能测试标准（部分）

标准编号与名称	测试指标
GB 19082—2009《医用一次性防护服技术要求》	液体阻隔功能、断裂强力、过滤效率、抗静电性、皮肤刺激性、微生物指标
GB 15979—2002《一次性使用卫生用品卫生标准》	微生物指标
T/CSBME 017—2020《一次性医用防护隔离衣》	表面抗湿性、微生物指标、环氧乙烷残留量
T/GDBX 026—2020《一次性使用普通防护服》	阻干态和阻湿态微生物穿透性、抗渗水性、透湿性等

口罩是一种用于过滤进入口鼻的空气的卫生用品，主要是阻挡有害气体、气味、飞沫、病毒、细菌、病原体、微生物、粉尘颗粒等物质直接进入肺部，为人体提供一道物理屏障。口罩通常以纱布、熔喷非织造布、过滤棉、滤纸或活性炭纸等材料做成，根据结构可分为**空气过滤式口罩和供气式口罩**；根据用途又可分为**普通纱布口罩、医用口罩、日用防护口罩、工业防尘口罩**等，分类和特点见表 5-2。

表 5-2　口罩分类与主要特点

口罩类型	口罩图片	特点
普通口罩（如纱布口罩）		防寒保暖，透气性好；但无防尘防菌效果

续表

口罩类型	口罩图片	特点
一次性使用医用口罩		用于普通环境下的一次性卫生护理，或者对致病性微生物以外的颗粒，如花粉等的阻隔或防护，但对致病性微生物的防护作用比较有限
医用外科口罩		用于有体液、血液飞溅的环境里，如医院手术室、实验室。安全系数相对较高，对于细菌、病毒的抵抗能力较强，也可用于防流感，对于颗粒的过滤则有所不足
医用防护口罩		一般用于有呼吸道传染病的环境里，可过滤空气中的微粒，阻隔飞沫、血液、体液、分泌物等的污染物，对非油性颗粒的过滤效率可达到95%以上，是一种密合性自吸过滤式医疗防护用品，同时也是一种一次性使用产品
颗粒物防护口罩（工业防尘口罩）		用于隔离粉尘，职业防护，但无防菌效果
防护面具（如防毒）		用于阻隔毒剂、生物制剂及放射性灰尘，价格高，需要经常消毒

以医用外科口罩（普通 3 层平面非织造布口罩）为例，其一般由熔喷非织造布、纺黏非织造布、口罩带、鼻梁条等组成，从外到内有三层结构（图 5-3）。其中外层和内层均采用纺黏非织造布（密度约 25g/m²），最外层过滤飞沫等液体飞溅及大颗粒物。中层是核心功能层，采用活性炭毡或极细密且带静电的熔喷非织造布（大多为聚丙烯，即 PP）（20 ~ 25g/m²），可利用静电吸附作用有效阻隔微小颗粒，特别是携带纳米级病毒的微粒或飞沫，实现对病毒、细菌、颗粒等微粒的

有效阻隔。内层主要起吸湿作用，用于阻隔呼出的水汽。一次性口罩滤材是通过静电作用吸附细菌和粉尘微颗粒物质，这些物质被纤维捕捉后极不易因清洗而脱离，且水洗也会破坏静电的吸附效果，容易导致细菌或微小颗粒物进入呼吸道，因此一次性口罩只能一次性使用，不能水洗或液体消毒后重复使用。

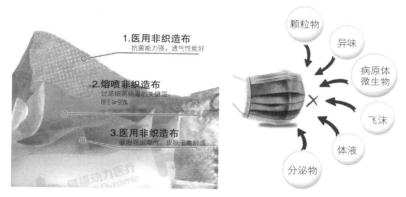

图5-3　医用外科口罩结构和防护作用

因口罩形状、用途等不同，其产品标准和性能要求不同。美国防尘口罩（NIOSH标准）可分为N（non-oil resistance，不耐油）、R（oil-resistance，耐油）和P（oil-proof，防油）三个系列，每个系列有三种最低过滤效率（95%、99%和99.97%），共9种口罩（表5-3）。对N系列口罩使用极性固体氯化钠（NaCl）气溶胶进行测试，而对R和P系列口罩使用非极性和油性气溶胶邻苯二甲酸二辛酯（DOP）进行测试。

表5-3　美国防尘口罩（NIOSH标准）

等级	穿透率	过滤效率	阻抗
N95/P95/R95	5%	≥ 95%	35mm H_2O
N99/P99/R99	1%	≥ 99%	35mm H_2O
N100/P100/R100	0.03%	≥ 99.97%	35mm H_2O

国内 GB 2626—2019《呼吸防护用品自吸过滤式防颗粒物呼吸器》将口罩过滤元件（主要是熔喷无纺布）分为 KN 类和 KP 类，其过滤效率如表 5-4 所示，因此有 KN90、KN95 等类型口罩的称呼。

表 5-4　GB 2626—2019 规定的过滤效率

过滤元件的类别和级别	用氯化钠颗粒物检测	用油类颗粒物检测
KN90	≥ 90.0%	
KN95	≥ 95.0%	不适用
KN100	≥ 99.97%	
KP90		≥ 90.0%
KP95	不适用	≥ 95.0%
KP100		≥ 99.97%

对于医用口罩，用 BFE（细菌过滤效果，bacterial filtration efficiency）、PFE（粒子过滤效果，particulate filtration efficiency）和 VFE（病毒过滤效果，viral filtration efficiency）表示过滤效果。医用外科口罩或一次性医用口罩要求 BFE 不低于 95%；如果 VFE 在 95% ~ 99%，则可阻挡流感、SARS 以及新冠等病毒。四种常用口罩国内标准及防护效率，见表 5-5。

表 5-5　四种常用口罩国内标准及防护效率

口罩类型	一次性医用口罩	一次性医用外科口罩	医用防护口罩	普通 KN 口罩
执行标准	YY/T 0969—2013	YY 0469—2011	GB 19083—2010	GB 2626—2019
标准类型	医药行业推荐标准，非强制	医药行业标准	国家标准	国家标准
密闭性	一般	一般	好	好
PFE	未说明（不代表不具有）	≥ 30%	1 级 ≥ 95% 2 级 > 99% 3 级 ≥ 99.97%	KN90 ≥ 90% KN95 ≥ 95% KN100 ≥ 99.97%
BFE	≥ 95%	≥ 95%	未说明（不代表不具有）	未说明（不代表不具有）

而最新的团标 T/GDBX 025—2020《日常防护口罩》大致参考GB/T 32610—2016《日常防护型口罩技术规范》，将过滤等级分了三级，见表 5-6。

表 5-6　T/GDBX 025—2020 的过滤等级

项目	级别		
	A 级	AA 级	AAA 级
细菌过滤效率（BFE）/%	≥ 95	≥ 95	≥ 99
颗粒物过滤效率（非油性）（PFE）/%	≥ 50	≥ 85	≥ 95

注：儿童口罩至少达到 AA 级要求。

5.1.2　辅助治疗用纺织品

医用敷料是用以覆盖疮、伤口或其他损害的包伤用品，有助于清除皮肤创面坏死组织、保护创面，加快创面愈合。从制备形式上看，医用敷料主要有机织敷料、针织敷料、非织造敷料和复合敷料。从材料上看，医用敷料包括天然纱布（脱脂棉纱布）［图 5-4（左）］、合成纤维类敷料、多聚膜类敷料、水胶体类敷料、藻酸盐敷料等。其中，水胶体敷料、水凝胶敷料、藻酸盐敷料、复合敷料等可以叫作**功能性敷料**，除了具备减缓伤口表面的水分蒸发、减轻疼痛、控制渗出液并防止感染的功能外，还具备缩短伤口愈合时间、快速止血、消除伤疤等功能。如水胶体敷料［图 5-4（右）］有良好的黏性，可以形成密闭的愈合环境促进

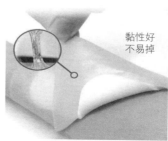

黏性好
不易掉

图 5-4　脱脂棉纱布（左）与水胶体敷料（右）

微血管的增生和肉芽组织的形成，以及有利于巨噬细胞清除坏死组织，加速创面愈合；同时，水胶体含有内源性的酶，能促进纤维蛋白的溶解，发挥清创功能。壳聚糖类医用非织造敷料可采用水刺法批量制备，具有柔软舒适、吸湿透气、与创面结合性好等特点。

医用绷带主要用于伤口包扎、骨折固定及扭伤劳损处的包覆支撑，可以避免伤口再次受损，调节伤口及周围皮肤组织的温湿度，减缓水肿，减少并发症和感染。医用绷带一般分为**简单绷带、非弹性或弹性绷带、轻支撑绷带、应力绷带、矫形绷带**。简单绷带的材料是由棉、黏胶人造丝、聚酰胺纤维组成，加工方式一般是采用机织和针织。弹性绷带有**纯棉弹性绷带、氨纶弹性绷带和非织造弹性绷带**。氨纶弹性绷带是由纯棉纱和氨纶包芯纱制成，肤感舒适、透气性良好、可重复洗涤；非织造弹性绷带由天然纤维或化学纤维制备而成，工艺流程短、产量高、成本低、性能好。另外还有自黏合绷带、吸菌绷带、可瞬间止血型绷带、智能感应绷带等新型产品。几种绷带实例见图 5-5。

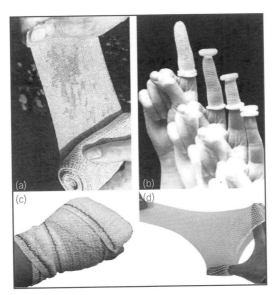

图 5-5　几种绷带实例
（a）弹性扁平绷带；（b）管状手指绷带；（c）氨纶皱纹绷带；（d）网状弹力绷带

5.1.3 修复及替换功能纺织品

修复及替换功能纺织品主要应用于患者体内，或进入皮肤表层或内部，又称为**"体内生物医用纺织品"**，其作用是改善、治疗或辅助人体器官实现功能提升，起到治疗效果，主要包括缝合线、人造血管、心脏瓣膜及修复物、人工肾、人工肝、人工肺等体内植入性材料。体内生物医用纺织品性能上要求必须无毒、抗菌、无过敏、无刺激、无致癌性，并具有良好的力学性能、生物相容性、生物降解性等。

人造（人工）血管可由天然高分子材料（蚕丝蛋白、海藻酸钠、胶原、明胶、壳聚糖、弹性蛋白等）或合成纤维（涤纶、聚氨酯纤维、聚己内酯纤维、聚乙醇酸纤维、聚四氟乙烯纤维等）编织而成，多选用生物吸收性材料进行浸渍或涂层，或在织造过程中掺入生物性吸收纤维，能使植入的人造血管初期渗血少，伴随生物性吸收纤维被降解，其孔隙增大便于内外膜的生长。人造血管的形态有直筒形、圆锥形和分叉形等（图 5-6），可以用平面状纺织物经缝合而成，也可以经多针床经编机编织而成，或用静电纺丝法、熔融纺丝法、冷冻干燥法、细胞自组装、3D 打印等方法制备。人造血管的性能上，要求具有良好的生物相容性、较高的缝纫强度、一定的弹性和柔性、一定的表面粗糙度、良好的尺寸与性能稳定性、止血性，可加工成多种形状和尺寸。

直筒形人造血管　　锥形人造血管　　　　四分叉人造血管

主动脉带窦部人造血管　　分叉形人造血管

图 5-6　人造血管的结构类型

　　人造（人工）皮肤是治疗过程中的一种暂时性的创面保护覆盖材料，可以防止水分和体液从创口蒸发流失，能隔绝空气，防止伤口感染，加快伤口愈合。其性能上需要与皮肤有良好的亲和性，不发生排异反应，与伤口有较强的结合力和良好的紧贴性（图5-7和图5-8）。**人造（人工）皮肤**的材料有高聚物合成材料类、蛋白质（胶原蛋白）类、多糖类等，可用非织造材料和非织造方法制作人造皮肤，如采用生物适应性的胶原、甲壳质纤维或特种超细纤维，经湿法成网或针刺法、水刺法加工制得。

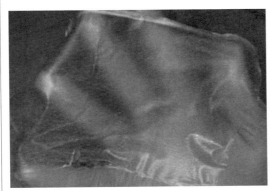 

图5-7　人造（人工）皮肤

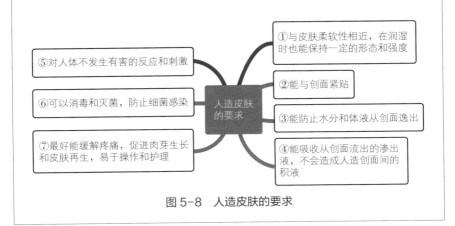

⑤对人体不发生有害的反应和刺激

⑥可以消毒和灭菌，防止细菌感染

⑦最好能缓解疼痛，促进肉芽生长和皮肤再生，易于操作和护理

人造皮肤的要求

①与皮肤柔软性相近，在润湿时也能保持一定的形态和强度

②能与创面紧贴

③能防止水分和体液从创面逸出

④能吸收从创面流出的渗出液，不会造成人造创面间的积液

图5-8　人造皮肤的要求

　　医用缝合线是外科手术中用于伤口结扎、缝合止血以及组织缝合的十分特殊且重要的缝合材料，可分为生物降解（可吸收）缝合线和非降解（非吸收）缝合线。生物降解（可吸收）缝合线又分为天然和人工合成两类。生物降解（可吸收）缝合线主要有羊肠线（肠衣线）及由胶原（骨胶原）（图5-9）、甲壳素（甲壳质）、壳聚糖、海藻、聚乳酸等材料做成的缝合线等，在体内可以降解成为可溶性产物，被人体吸收并逐步排出体外，一般在2～6个月内从植入点消失。非降解（非吸收）缝合线主要有蚕丝、尼龙线、涤纶线、金属缝合线等，在体内不降解，缝合后需要拆线。

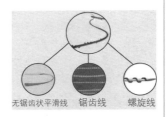

无锯齿状平滑线　　锯齿线　　螺旋线

图5-9　医用羊肠线（左）、胶原蛋白缝合线（中）及缝合线的各种形状（右）

5.1.4　健康护理用功能纺织品

　　婴幼儿纸尿片和成人纸尿裤具有高吸收（液体）、透气和舒适等性能，主要由表面包覆层、导流层、吸收芯层、防漏底膜、弹性腰围、魔术贴等构成。纸尿裤（或纸尿片）［图5-10（左）］中间芯层吸收材料的好坏直接影响产品的吸收性能，一般是植物性纤维材料、绒毛浆（吸水介质的纸浆）材料。为增强吸收效果和锁定水分，吸收层还需加入一定量的高分子吸水树脂（SAP），从而能更好吸收和锁定水分，避免返渗，保持皮肤干燥、舒适。成人失禁用纸尿裤中会增加吸收芯层SAP的含量，产品的厚度也会增加。

　　卫生巾是女性经期使用的一种卫生用品，功能性要求吸收良好与防渗漏，触感良好、舒适性和抑菌性，以及使用简易。其主要的材质为棉、无纺布、纸浆或以上材质复合形成的高分子聚合物复合纸，按材质可分

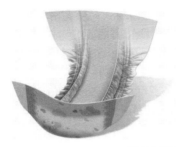

图 5-10 婴儿纸尿裤（左）与卫生巾（右）

为**干爽网面**、**棉柔类**和**纯棉类**三种。干爽网面卫生巾的面层使用各种聚乙烯（PE）打孔膜；棉柔类卫生巾面层采用各类聚丙烯（PP）非织造布材料；而纯棉类卫生巾面层采用纯棉织物材料。卫生巾由内到外为面层、吸收芯层、防漏底层和黏合材料［图 5-10（右）］。面层贴近皮肤，主要选用打孔热风疏水性非织造材料；表面包覆层与吸收芯层之间通常有一层导流层，可促进芯体快速、均匀、有效地吸收液体，减少回渗；吸收芯层可快速吸收经血，通常是绒毛浆、吸水纸和 SAP 构成的热风非织造材料；防漏底层材料是防止血液渗漏的底膜；黏合材料可将卫生巾固定在内裤上。卫生巾执行 GB/T 8939—2018《**卫生巾（护垫）**》标准；吸收芯层的材料还需要满足 GB/T 22875—2018《**纸尿裤和卫生巾用高吸收性树脂**》的标准要求。

图 5-11 一次性床单

　　一次性床单（图 5-11）通常由多层 SMS 非织造布（纺黏＋熔喷＋纺黏的三层结构，与一次性医用口罩用面料相同）或用其他材料（如塑料薄膜）制成。一次性床单适用于妇产科、内科、传染病和医院手术床，可有效隔离体液渗透，防止交叉感染；还用于酒店、美容院、保健所和家庭的日常防护。一次性床单适用 GB 15979—2002《**一次性使用卫生用品卫生标准**》的规定和要求。

一次性护理垫（图 5-12）是一种由 PE 膜、无纺布、绒毛浆、高分子等材质制成的一次性卫生用品，主要用于医院手术、妇科检查、产妇护理、幼儿看护、瘫痪病人大小便失禁、妇女经期时候使用。护理垫不同于纸尿裤，在不同的应用场所的名称也不同，有婴幼儿使用的隔尿垫；产妇护理用产褥垫、产妇垫；妇女经期使用经期小床垫；手术后人士以及生活不能自理人士用的成人护理垫。护理垫的表层采用柔软亲肤、干爽、渗液快、能导液扩散的无纺布；无纺布下面有一层绒毛浆起吸液、吸汗作用；中间添加高分子吸水树脂（SAP），确保快速有效吸收；底层采用 PE 膜防止液体穿过护理垫，起到隔离的作用。一次性护理垫按照 GB 15979—2002 《**一次性使用卫生用品卫生标准**》执行。

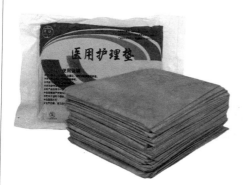

图 5-12　一次性护理垫

湿巾（图 5-13）是含有水、酒精、保湿乳液、抗菌剂等功能液体的非织造材料，具有卫生、清洁、抗菌、方便、柔软、舒适等性能，被广泛应用于医疗领域和个人卫生方面，为一次性使用产品。湿巾常用的纤维原料有涤纶、丙纶、黏胶纤维、竹纤维、木浆纤维、棉纤维、

Lyocell 纤维、聚乳酸纤维、复合纤维等，主要为水刺非织造布、热轧非织造布、干法纸等。市场上的湿巾可以分为三类：普通湿巾（没有杀菌作用），用于清洁手口，湿巾自身需要被消毒，但不能消毒其他物品；卫生湿巾（对细菌杀灭率大于 90%），用于婴儿玩具、宠物玩具、家具、医疗器械的清洁；消毒湿巾（达卫生消毒标准），对其他物品可起到消毒的作用，常用于皮肤擦伤、划伤等的消毒或杀菌。湿巾的类别和成分决定清洁（或消毒杀菌）效果，因此在购买时要根据用途需求和标签上的成分说明来选定。

图 5-13　湿巾

　　面膜是用于皮肤保养的产品。面膜按照材质可分为有基布面膜和无基布面膜，具体种类有**压缩面膜、补水面膜、泥膜、冻膜**。根据使用方式可将面膜分为**撕拉式面膜、水洗面膜和贴片式面膜**［图 5-14（左）和（中）］。面膜基布多采用水刺加工得到，大量新型纤维如铜氨纤维、

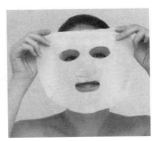

图 5-14　撕拉式面膜（左）、贴片式面膜（中）和眼贴膜（右）

聚乳酸纤维、莫代尔纤维、海藻纤维、壳聚糖纤维应用在面膜基布上，同时超细纤维、纳米纤维也是面膜基布用纤维的发展方向。其检测标准主要参考 QB/T 2872—2017《面膜》。

眼贴膜［图 5-14（右）］是眼部肌肤护理产品之一，是类似于月牙状的水晶白色透明膜胶体。根据用途不同，眼贴膜可以分为医用防护眼贴膜和美容眼贴膜。医用防护眼贴膜包括头面部全麻手术用、眼睛局部物化治疗用和神经外科显微手术用；美容眼贴膜包括胶体眼贴膜、中草药眼贴膜和纸质眼贴膜。一般眼贴膜都采用非织造布材质，比如纸质眼贴膜与基布类面膜类似，由水刺非织造布与植物提取精华、天然矿物质等营养液组合而成。某些眼贴膜产品是在面膜基础上改良而成，例如将蚕丝融入非织造布纸浆中，产品更加丝滑贴服；还有的采用透明状生物纤维材质（透明硅胶），拉伸性好，能更好地贴合眼周肌肤。

5.2 军警用功能纺织品

5.2.1 伪装（隐身）纺织品

可见光伪装、**红外伪装**、**电磁屏蔽**等功能纺织品（装备或材料）可用于隐身服、智能帐篷、睡袋以及其他需要伪装、屏蔽隐身的装备。

迷彩作训服的色彩、图案和环境相似，从而能起到视觉伪装保护作用。2019 年，中华人民共和国成立 70 周年庆典上首次亮相的"星空迷彩"作训服（图 5-15），采用小色块制作，看起来如同繁星点点，能够融入不同的任务环境中，伪装隐蔽性好、实用性强。

红外伪装（或屏蔽）功能纺织品，是采用红外伪装技术改造的纺织品，通常是采用发射率低的共聚物黏合剂和片状金属铝粉等导电粉末配制涂料，对面料进行涂覆以降低其红外线发射率，以此来降低目标和背景的辐

图 5-15 "星空迷彩"作训服

射差别，掩盖或者变化目标在红外热成像仪中的形状，从而降低其被红外探测仪发现或识别的概率。其制备方法，通常是在低发射率涂料中添加不同种类的着色颜料赋予纺织品不同的色相，或者通过涂料印花的方法将涂料印制在涤/棉混纺织物上，使织物与背景在可见光－近红外波段有相近的反射率，且在红外波段有较低的发射率。该纺织品还可通过引入相变材料，根据外部环境变化和自我反馈机制，自动调控目标辐射率，从而实现高效灵活的环境温度管理。

反雷达侦察伪装中所用的**伪装网**（图 5-16），采用高散射吸收衰减原理，产品以不锈钢纤维与化纤混纺制成。含不锈钢丝伪装网的基布一面涂有吸波材料，另一面印有与战地环境相适应的迷彩色，这样的伪装网能有效防可见光、中近红外线、紫外线和雷达侦察，尤其能防空载雷达侦察，具备多重防侦察功能。反雷达有被动式和主动式的，被动式反雷达是利用电磁屏蔽材料或技术进行伪装，使自身不被雷达发现；主动式反雷达隐身技术也称为雷达干扰技术，指采用有源干扰或无源干扰方法来规避敌方雷达探测的一种技术。

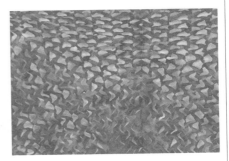

图 5-16　军用伪装网（红外或电磁屏蔽功能）

5.2.2　防化服

防化服是在有危险化学物品和腐蚀性物质的火场、化学事故现场或某些特定工作场所，为保护自身免遭化学危险品或腐蚀性物质的侵害而穿着的防护服装。大类上，防化服属于防护服，如消防防化服。区别于医用隔离细菌、病毒的防护服（或隔离衣），防化服主要应用于防毒气、防刺激性气体、防有毒有害生物制剂、防化学毒剂等。

防化服按防护原理分为**解毒型**、**吸附型**、**隔绝型**和**透气型**，各类型特点与应用如表5-7所示。从外形（形式）分，防化服主要有全密封（或全封闭）式防化服（重型）和半封闭式防化服（轻型）等（图5-17）。

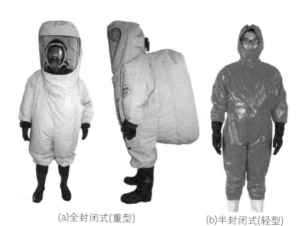

(a)全封闭式(重型)　　　　(b)半封闭式(轻型)

图5-17　全封闭式与半封闭式防化服

表5-7　防化服分类及特征

分类	防护性能与特点
解毒型	• 通过附着在织物上的解毒剂与危险化学品产生化学反应从而消减其毒性，实现防护功能
吸附型	• 织物浸渍吸附材料制成具有吸附功能的防护材料 • 常用多层结构，分为铺展－防油－吸附型和防油－吸附型两大类 • 可阻止有毒气体、液体的渗透，透气，质轻，吸附有毒物质后需要立即解吸处理（避免防护作用失效），常用于制备透气或半透气式核生化防护服
隔绝型	• 通过物理阻断外界液态、气态和气溶胶形式的有害物质从而实现防护作用，通常采用涂层织物 • 防护性能良好，造价低，可重复使用，但透气性差、穿着闷热，舒适性较差，某些有毒物质容易残留、难清洗，可在严重污染区短期使用

续表

分类	防护性能与特点
选择透气式	• 可阻止外界的液态、气态和气溶胶有毒物质，但允许水蒸气分子通过以便蒸发汗液 • 通常由选择性渗透膜材料制成 • 有效防止有毒物质渗透，轻薄、透湿和透气
半透气式	• 能够阻止大分子气体、液体和气溶胶有毒物质透过，但允许水蒸气、小分子毒气透过 • 通常由微孔材料制成 • 透气透湿，穿着舒适，但不能阻止有毒气体
透气式	• 可透过空气和湿气，通常由外层织物、吸附层和内层织物构成 • 透气透湿性好，穿着舒适，但防护能力较低

国际上，美国 NFPA 标准、欧盟 EN 标准和 ISO 标准对防化服分类、性能要求及检测方法的规定有所不同。美国现行标准有 NFPA 1991—2005、NFPA 1992—2005 和 NFPA 1994—2007，其中 NFPA 1991—2005《危险化学事故用蒸气防护套装》将化学防护服的防护分为 4 个等级（表 5-8）。而欧洲防化服分类与相关标准见图 5-18。

表 5-8　化学防护服等级（NFPA 1991—2005）

防护等级	特点	应用
A 级—气体密闭型防护服	• 为**全封闭气密防护服**，如自给式呼吸器、防护面具、防化靴等 • 最高等级防护，能防止各种有害物质渗透，可有效保护人体皮肤、眼、呼吸系统等，但比较笨重，限制穿着者的活动自由	适用于污染环境中化学物质成分和浓度不确定的场合；对呼吸系统、皮肤和眼可能有极大威胁的场合等
B 级—防液体溅射防护服	• 分全封闭式和分体式防护服，如自给式呼吸器、防护面具、防护手套、防护靴等 • 仅次于 A 级，能防止有毒液体物质溅射，不能防护气体有毒物质，高水平保护呼吸系统，对皮肤和眼的保护水平低于 A 级	适用于不挥发液体或固体污染物质，且对皮肤防护要求较低的污染环境
C 级—增强功能型防护服	• 低级别防护，提供液体溅射防护、低级别的呼吸防护，对轻度污染有一定防护作用	不能作为突发性紧急救援防护服
D 级—一般型防护服	• 一般防护，最低的皮肤保护水平，对呼吸系统无保护作用	不能作为紧急救援人员的防护服

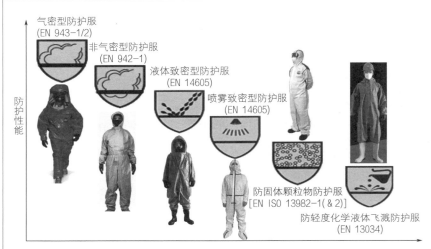

图5-18 欧洲防化服分类与标准

中国标准GB 24539—2009《**防护服装化学防护服通用技术要求**》结合国际上的分级方法，将防化服分为四大类，其中第三大类中又分为三小类。其分类和相关标准，见表5-9。

表5-9 中国防化服（防护服）分类及有关标准

分类	相关标准
第1类：气密型防护服 –ET	
第2类：非气密型防护服 –ET	
第3类：液密型化学防护服 3a：喷射液密型防护服 3a–ET：喷射液密型防护服 –ET 3b：泼溅液密型防护服	GB 24539—2009《防护服装化学防护服通用技术要求》 GB/T 23462—2009《防护服装化学物质渗透试验方法》 GB/T 24536—2009《防护服装化学防护服的选择、使用和维护》
第4类：颗粒物防护服	

5.2.3 防弹衣

防弹衣，又称避弹衣、防弹服、防弹护甲，是通过吸收降低子弹或破片的冲击力量，防护弹头或弹片对人体造成伤害的防护用具。防弹衣按照适用对象，可分为步兵防弹衣、特殊人员防弹衣、炮兵防弹衣等类；按照外观可分为防弹背心、全防护防弹衣等；按材料可分为**软体防弹服**、**硬体防弹服**和**软硬复合式防弹服**。其主要分类如图5-19所示。

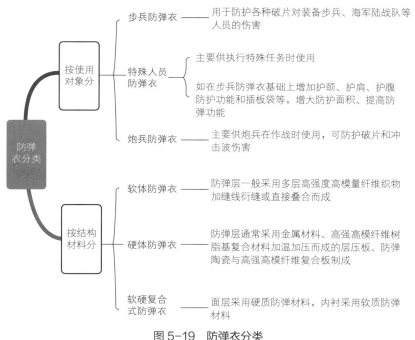

图5-19 防弹衣分类

通常，防弹衣的生产包括衣套和防弹层两部分。衣套常用化纤织物制作，防弹层是用金属、陶瓷片、玻璃钢、尼龙（PA）、凯夫拉纤维（KEVLAR）、超高分子量聚乙烯纤维、液体防护材料、聚酰亚胺纤维（PI）等材料制成，构成单一或复合型防护结构，制备成软体、硬体或复合式的防弹服。各种防弹服的生产材料及防弹原理，见表 5-10。现有的防弹衣多为四层结构，即衣罩、防弹层、缓冲层、防弹插板，各层制作材料及功能如图 5-20 所示。

表 5-10　各种防弹服的生产材料及防弹原理

类别	材料	原理
软体防弹服	采用多层高强度高模量纤维织物加缝线衍缝或直接叠合而成	"以柔克刚"，当枪弹、破片侵彻防弹层时产生方向剪切、拉伸破坏和分层破坏，借以消耗其能量
硬体防弹服	金属材料、高强度高模量纤维树脂基复合材料加温加压而成的层压板、防弹陶瓷与高强度高模量纤维复合板	"以刚克刚"，通过材料的变形、碎裂来消耗弹体大部分能量，随后高模量纤维复合板进一步消耗弹体剩余能量
软硬复合式防弹服	面层采用硬质防弹材料，内衬采用软质防弹材料	首先硬质防弹材料发生形变或断裂，消耗枪弹、破片的大部分能量，其次通过内衬软质材料吸收、扩散子弹剩余部分的能量，并起到缓冲的作用，从而尽可能地降低非贯穿性损伤

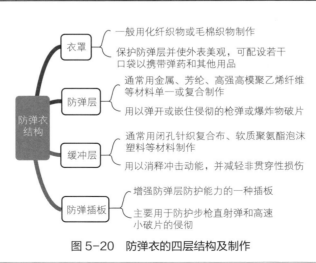

图 5-20　防弹衣的四层结构及制作

　　有关防弹衣的防弹等级评价，不同国家有不同的分类标准。美国 NIJ 标准将防弹等级分为 I 级、IIA 级、II 级、IIIA 级、III 级、IV 级 6 个级别。其中 IIIA 级以上的防弹衣为硬质防弹衣，以自身很高的硬度抵挡子弹的穿透，成本低，但穿着笨重；而 IIIA 级以下的则为软质防弹衣，穿着灵活，但造价较高。我国的 GA 141—2010《**警用防弹衣**》中规范了测试使用的弹种并修改了防弹衣防护面积等要求，把防弹衣的防护等级分为 6 级，其中 6 级为特殊等级。与其他国家标准相比，我国 GA 标准更侧重防弹装备的背凹深度（防弹衣被弹头撞击变形后背面的凹陷深度），要求背凹深度 ≤ 25mm，而美国 NIJ 标准要求背凹深度 < 44mm。

　　第一代防弹衣是第一次世界大战时，美国、德国、意大利的特种部队和少数步兵使用的钢制胸甲。之后，防弹材料经历了钢片、高强轻质材料、高强纤维材料等，发展至今已出现多种防弹效果好、轻质便携的防弹衣（图 5-21）。

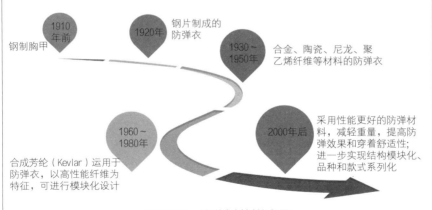

图 5-21　防弹衣材料的发展

　　比如，**液体防弹衣**[图 5-22（右）] 主要由一种特制"剪切增稠液体"组成，通常情况下，这种液体像普通液体一样柔软无形，但当受到子弹或者其他硬件碎片等外力冲击时，会瞬间转变成一种硬质材料，液体防弹材料会变得坚硬无比，从而防御子弹的攻击。

图 5-22　普通防弹背心（左）与液体防弹衣（右）

5.2.4　防刺服

防刺（防割）纺织品是指能有效防护刀和锥具等常见锐器对人体攻击而造成伤害和威胁的防护类纺织品。防刺（防割）包括防刺穿和防切割，当刺刀刀尖接触织物开始拉伸纤维并对其产生切割时，受力区域的纤维将刺刀冲击能向邻近区域传播，刺刀能量分散越快越能减少刺刀对作用区域的损伤。因此，防刺纺织品需要紧密的组织结构以及多层结构以抵御刀尖刺入的能量。

防刺（防割）纺织品可用于武警、公安、海关、解放军等公职人员防刺防割的安全防护，亦可用于击剑运动员、赛车手、建筑及装修等领域与尖锐物品密切接触人员的安全防护，也可用于避免日常生活物品刺割伤害的日常防护等。常见的防刺（防割）纺织品有防刺服、防割手套、防护头盔等（图5-23）。

(a) 防刺手套　　　　　　(b) 防割手套　　　　　(c) 军警用防刺背心

图 5-23　防刺纺织品

柔性防刺服主要以高性能纤维为原料，采用机织、针织、非织造等生产技术制备而成（表 5-11），按硬度分为三大类（图 5-24）。

表 5-11 柔性防刺服的生产特征

原料	• 纤维材料具备高强度、高模量、耐剪切、耐冲击等性能 • 常见有芳纶、超高分子量聚乙烯纤维、蜘蛛丝等
结构	• 由高性能纤维织物叠层构成 • 常见有机织物、针织物、非织造布等
后加工	• 采用高聚物复合法，包括涂层、热压、浸渍等 • 或多种纺织结构材料的复合

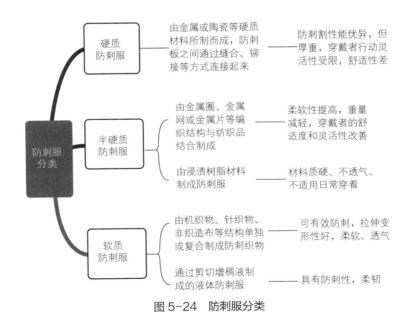

图 5-24 防刺服分类

织物防刺性能测试标准有美国 NIJ-0115.00 标准、英国 PSDB 标准、欧洲 ISO/FDIS 14876，以及我国制定的 GA 68—2019《警用防刺服》标准。这些标准中，美国、英国和我国的标准均采用质量 2.4kg 的刀具，以规定能量自由落体刺割防刺材料，根据织物被穿透的情况来评估其防护性能。美国、英国的防刺标准将防刺能力分为 3 级，不同等级的冲击能量及允许穿透深度如表 5-12 所示。与之不同的是，我国的测试标准以刀具是否刺穿防刺材料判断其防刺性能是否合格，不评价等级。

表 5-12　不同防刺等级的冲击能量及允许穿透深度

防刺等级	冲击能量（低）/J	允许穿透深度 /mm	冲击能量（高）/J	允许穿透深度 /mm
1	24±0.5	7	36±0.6	20
2	33±0.6	7	50±0.7	20
3	43±0.6	7	65±0.8	20

5.3　航空航天用功能纺织品

5.3.1　增强复合纺织材料

航空航天领域里各种机体制造用高性能纤维材料及纺织品一般要求高强度、轻量化、耐气候、柔性及弹性好，以利于改善航天器的性能和运行效率。典型的纺织材料为**碳纤维增强型复合材料**，即使在苛刻的环境（高温或低温等）下亦表现出耐疲劳、耐腐蚀、高强度、轻质量、抗振动、耐高温、耐冲击和化学稳定性。航空航天用功能纺织品的要求如表 5-13 所示，复合材料已被广泛用于各种领域。

表 5-13　航空航天用功能纺织品的要求

要求	具体内容
重量轻、体积小	• 减小航空产品的重量和体积是所有航空装备的基本要求 • 降落伞和飞行服直接关系到飞行员的战斗力

续表

要求	具体内容
强度高	• 降落伞开伞阶段，由于气动力的巨大冲击，纺织材料受到通常情况下难以承受的负载，因此降落伞结构材料要求强韧、抗冲击 • 航空用纺织材料必须同时兼具重量轻和强度高的特点，严格的强重比要求是航空用纺织材料在特定的使用条件下必须具备的功能
弹性	• 降落伞材料不仅要求具有较大的延伸率，还要求具有较大的弹性模量和良好的回弹性，以便在开伞阶段减小作用在人体上的冲击力，这就是所谓降落伞材料的能量吸收性能 • 飞行服材料则要求相对较小的延伸率，因为飞行服大都是靠气囊充气然后收紧衣面，实施对人体加压的目的
透气性	• 对于降落伞来说，诸如开伞动载、阻力系数、稳定性和下降速度等重要性能参数都和伞衣织物的透气性有关，因此，每种特定的降落伞伞衣织物都必须具备特定的透气性
抗环境性能	• 航空用纺织材料大都在恶劣的环境中工作，例如在高空紫外线辐射以及高温条件下，并有严格的使用寿命要求，因此，航空用纺织材料必须不发霉，耐光，耐热，耐环境老化
阻燃及良好的服用性能	• 飞行发生事故时，一般均伴随火焰环境，因此飞行服材料要求阻燃 • 由于飞行环境恶劣以及飞行员飞行中体力的巨大付出，飞行服材料在确保主要性能的同时，必须兼顾舒适性要求，其中首推透气和吸湿

5.3.2　宇航服

宇航服（航天服），包括舱内宇航服和舱外宇航服，是宇航员在宇宙空间穿着的有压力的服装。图 5-25 为宇航服的发展过程。

舱外宇航服是在太空环境下活动所穿的，必须具有良好的气密性，配备有自动控制空气再生和调节的自给系统、无线电通信系统、宇航员的摄食与排泄等设施。其结构复杂，是至今要求最高、最昂贵的服装。舱外宇航服由密闭式头盔、压力服、手套和靴子组成，装配有携带式生命保障系统，并携带有供宇航员在外层空间运动的小型火箭。其整体上有以下五个功能：保持宇航员体温；保持压力平衡（使太空中人承受的压力与在地球上的相似）；阻挡强而有害的辐射（例如来自太阳的辐射）；处理宇航员的排泄物；提供氧气及抽去二氧化碳。整个舱外宇航服就是

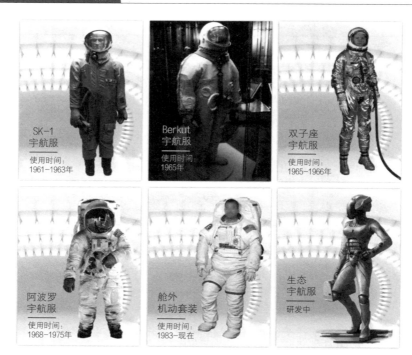

图 5-25　宇航服的发展过程

一个生命系统，必须为宇航员在舱外活动提供至少 4h 的生命安全和工效保障。

图 5-26 为中国研发的第一代和第二代"飞天"舱外宇航服。**密闭头盔**由透明聚碳酸酯制成，透明层上涂有金属薄层以防止太阳紫外线与红外线的强烈辐射。密闭头盔内可以供氧和加压。**密闭服**由几层具有耐高温的防火聚酰胺纤维织物等一些特殊材料制成，其中夹有数层铝箔，具有隔热、防护宇宙射线以及防止太空中流星雨的撞击等作用。

　　舱外宇航服（图 5-27）从内到外分为六层。第一层为**内衣舒适层**，要求柔软、舒适、富有弹性、吸湿透气、不黏皮肤、不影响生理指标的医学监护，选择纯棉或棉麻混纺的针织品。第二层为**通风层**，需保证人体 65% ~ 75% 的面积有新鲜空气通过，通风结构应柔软且富有弹性，

第一代“飞天”航天服
第二代“飞天”航天服

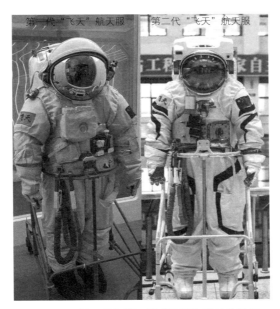

图 5-26　第一代和第二代“飞天”舱外宇航服

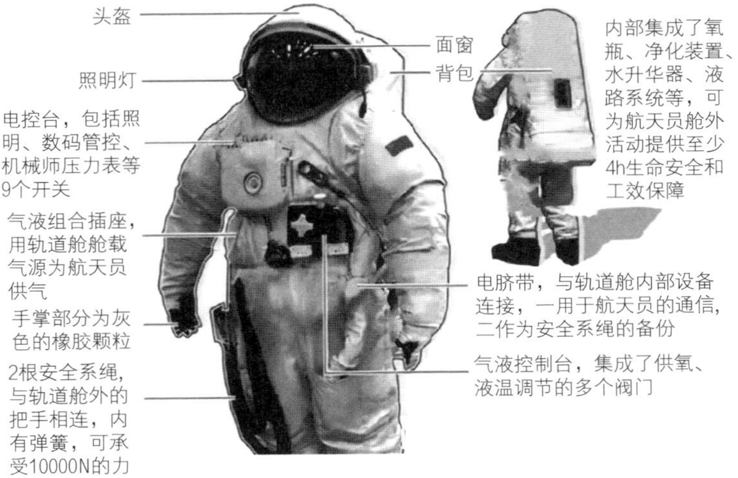
头盔
面窗
背包
照明灯
电控台，包括照明、数码管控、机械师压力表等9个开关
气液组合插座，用轨道舱舱载气源为航天员供气
手掌部分为灰色的橡胶颗粒
2根安全系绳，与轨道舱外的把手相连，内有弹簧，可承受10000N的力
内部集成了氧瓶、净化装置、水升华器、液路系统等，可为航天员舱外活动提供至少4h生命安全和工效保障
电脐带，与轨道舱内部设备连接，一用于航天员的通信，二作为安全系绳的备份
气液控制台，集成了供氧、液温调节的多个阀门

图 5-27　中国第一代“飞天”舱外宇航服

舒适无压迫感。第三层为**保暖层**，要求材料保暖性好、柔软、质轻、阻燃、有弹性、不吸水，一般采用经特种整理的羊毛制品或合成纤维制成。第四层为**气密限制层**，保证身体周围有一定的气压，人体活动自如，加压情况下具有一定的外形和容积，能保证与坐姿和座椅形状一致，要求脱衣方便。气密层采用气密性好的涂氯丁尼龙胶布等材料制成。限制层采用强度高、伸长率低的织物，一般用涤纶织物制成。第五层为**水冷服**（**液冷服**），以水为介质通过特质的导管沿人体表面流动，将人体热量带走，达到降温的目的，多采用抗压、耐用、柔软的塑料管制成，其结构是在锦纶织物上固定内径为 1.5 ~ 3mm 的乙烯乙酸酯的供水管。第六层为**隔热层**，作用是起过冷或过热的保护，由五层材料构成，各层材料为涂铝聚酯或聚酰亚胺稀疏织物增强薄膜，使宇航服内保持适当温度（10 ~ 43℃）。

舱内宇航服是在宇宙飞船座舱内使用的应急装置。当飞船发生故障时，它可以保护宇航员安全地返回地面。舱内宇航服一般比较轻便、舒适、灵活，有利于宇航员在不加压状态下较长时间的穿着。舱内宇航服只要求防低压、防缺氧、耐高温或低温，对材料和结构要求没有舱外宇航服的高。

5.3.3 降落伞

降落伞是由织物（绸布、绳、带线等）支撑的伞状气动减速装置，是空降兵作战和训练，航空航天人员的救生和训练，跳伞运动员进行训练、比赛和表演，空投物资，回收飞行器的设备器材。降落伞使用范围广、种类多，主要分类方法如图 5-28 所示。

降落伞使用的主要纺织材料为锦纶（锦纶 6 或锦纶 66）和芳纶1414。救生伞、伞兵伞、回收伞、航弹伞等伞衣采用轻型织物，一般为平纹组织加上较粗的纱线形成格子结构外观，这种外观和结构的织物已成为降落伞的一种通用织物，称为"格子绸"。对强度要求较大的伞衣织物，如投物伞、阻力伞等，需要增加织物的经密和纬密以提高其强度，而且一般采用斜纹或小花纹组织结构以达到强度高、抗撕性能好、手感柔软的要求。

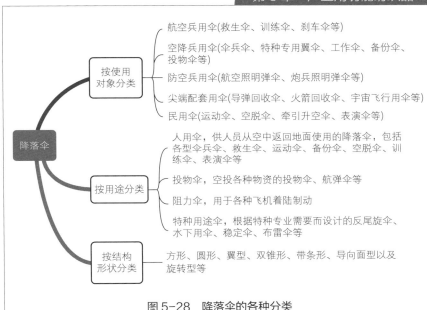

图 5-28　降落伞的各种分类

5.4　土木建筑用功能纺织品

5.4.1　土工布

土工织物（或称**土工布**，见图 5-29）是产业用纺织品的一种，是与地基、土壤、岩石、泥土或其他土建材料一起使用，并作为人造工程、结构和系统的组织部分的纺织物的总称。

土工织物共分五类，有**非织土工布**、**土工膜**、**土工格栅**、**土工排水材料**、**土工复合材料**。土工织物及其相关产品见表 5-14。

非织土工布　　　　　塑编布

土工格栅　　　　三维复合排水网

图 5-29　常见土工布（部分）

表 5-14　土工织物及其相关产品

分类方法	细分类	具体制备方法
加工方法	编织物	塘结、缠绕、扎结
	机织物	平纹、斜纹、缎纹
	非织造布织物	机械固结、热黏、化学
	复合织物	缝制、针刺
形状	平面、条带、格栅等	大网眼、粗孔编织
用途	土工垫	在接点处结合
	土工网	回转喷丝板
	土工格栅	扩孔 1 ～ 10cm/ 格
	泡沫塑料	用挤压法或模型法
	复合材料	复合方法

　　土工布通常以聚合物为原料，经非织造工艺、机织工艺、编织工艺、湿法成网工艺等生产，广泛应用于公路、铁路、水利、水运、机场、环保等基础建设领域，在工程中起到过滤、排水、防护、隔离与防裂等作用（图 5-30）。

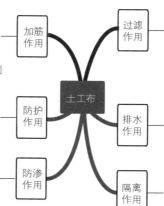

土工织物埋在土体中承受应力，增加土体的模量，限制土体侧向位移，增加土体和其他材料之间的摩阻力，提高土体及有关建筑物的稳定性。可应用于土坡、地基及挡土墙的加固

土工织物能有效地将集中应力扩散、传递并分解，防止土体受外力作用而破坏

采用土工膜或复合防水材料，可有效防止其他液体的渗漏，保护环境和建筑工程的安全稳定

加筋作用

防护作用

防渗作用

土工布

过滤作用

排水作用

隔离作用

土工织物有良好的透水、透气性能，且孔径又可根据土的粒径进行选择，当水流垂直织物平面方向流过时，可使大部分土颗粒不被水流带走，既起到了过滤作用，又可以避免造成管涌现象。特别适用于水利工程中堤、坝基础或边坡反滤层

土工织物具有良好的三维透水性，土工织物本身可形成排水通道，土体的水分汇集在织物内，可沿着织物平面缓慢地排出土体

将土工织物放在两种不同特性的材料之间，使其外部载荷作用时，不相混杂或流失，保持材料的整体结构和功能

图 5-30　土工布的作用

影响土工织物性能的因素有聚合物的种类、纤维品种、织物结构、固结的方法（非织造）等。土工织物要有良好的稳定性，良好的抗裂强度、抗拉伸强度、抗压缩等性能。

5.4.2　建筑膜材

建筑膜材是一种新兴的建筑材料，已被公认为是继砖、石、混凝土、钢和木材之后的"第六种建筑材料"，如应用到张拉膜结构的建筑膜材。张拉膜结构是一种新型建筑结构，已逐渐应用于体育建筑、商场、展览中心、交通服务设施等大跨度建筑中。**张拉膜结构**（也叫张拉式索膜结构、悬挂膜结构）（图 5-31），是指通过拉索将膜材料张拉于结构上而形成的，由稳定的空间双曲张拉膜面、支撑桅杆体系、支撑索和边缘索等构成的结构体系。张拉膜结构由于具有形象的可塑性和结构方式的高度灵活性、适应性，其应用极其广泛。张拉膜结构体系富有表现力，结构性能强，但造价稍高，施工要求也高。张拉膜结构可分为**索网式**、**脊索式**等。

图 5-31　张拉膜结构

一般工业与民用建筑膜结构所采用的膜材料制品适用 JG/T 395—2012《建筑用膜材料制品》标准。GB/T 30161—2013**《膜结构用涂层织物》**和 FZT 64014—2009《膜结构用涂层织物》则对以合成纤维或玻璃纤维织物为基布，经浸渍、涂层或层压工艺在基布表面覆盖聚合物连续层，作为膜结构建筑用的涂层织物，规定了力学、理化性能和外观质量的要求。JG/T 423—2013**《遮阳用膜结构织物》**将遮阳用膜结构织物按基材纤维材质分为玻璃纤维和聚酯纤维两类；将涂层和表面处理层分为 11 种，见图 5-32。

其中，**玻璃纤维基底 PTFE 涂层膜材**是在超细玻璃纤维织物上涂以聚四氟乙烯树脂而成的材料。这种膜材有较好的牢度，有优良的抗紫外线性能、抗老化性能、阻燃性能、防污自洁性、力学与化学稳定性、颜色牢度。**玻璃纤维基底 PVC 涂层膜材**，涂层时常常加入一些光、热稳定剂以提高 PVC 本身耐老化性能，浅色透明产品宜加一定量的紫外线吸收剂，深色产品常加炭黑作为稳定剂。另外可在 PVC 上层压一层极薄的金属薄膜或喷射铝雾，用云母或石英来防止表面发黏和沾污。**玻璃纤维基底有机硅树脂涂层膜材**耐高低温、拒水、抗氧化，具有高的抗拉强度、弹性模量和良好透光性。**玻璃纤维基底 PU 涂层膜材**韧性好，耐光，耐热，具有突出的耐磨损性、耐化学腐蚀性和阻燃性，可达到半透明状态，但容易发黄，故一般用于深色涂层。

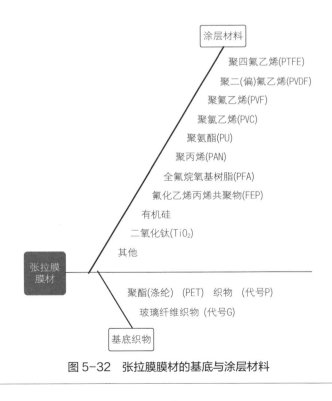

图 5-32　张拉膜膜材的基底与涂层材料

另有ETFE(乙烯-四氟乙烯共聚物)膜材,具有优良的抗冲击性能、电性能、热稳定性和耐化学腐蚀性,而且机械强度高,加工性能好。这种膜材透光性特别好,质量轻(只有同等大小玻璃的1%),韧性好(延展性大于400%),抗拉强度高,不易被撕裂,耐候性和耐化学腐蚀性强,熔融温度高达200℃。而且,ETFE膜材还具有良好的自清洁功能,表面不易沾污。

5.5 汽车用功能纺织品

5.5.1 轮胎帘子线

帘子线(简称帘线,见图5-33),是一种织造帘布的经线材料,可以用于轮胎、运输带、传动带等作为基底和结构的加强材料。轮胎的胎体帘布、子午线轮胎帘线与轮胎行驶方向呈90°。根据材质,帘子线分为**黏胶帘子线、聚酰胺(锦纶)帘子线、聚酯(涤纶)帘子线、芳香族聚酰胺(芳纶)帘子线**等。

——帘布层

图5-33 汽车轮胎上的帘布层(左)与帘子线(右)

强力黏胶帘子线具有耐热、耐疲劳、尺寸稳定性好等优点,但易吸湿,使强度降低,且强度不及涤纶、锦纶。**涤纶帘子线**初始模量高、熔点较锦纶高、耐疲劳性好、尺寸稳定性好、无平点现象,适宜制作轿车轮胎。使用量最多的是**锦纶帘子线**,其具有强度高、耐疲劳和耐冲击性好的优点。**芳纶帘子线**,具有强度更高(30cN/dtex)、模量更高(550eN/dtex)、尺寸稳定性好等优点,适用于工程车、飞机等较高要求的轮胎。

帘子线也用于织造各种运输带、安全带等。

5.5.2 安全气囊

安全气囊（图 5-34）对防止死亡、减少某些伤残有明显效果，不少国家立法规定将它作为汽车的安全器材。制作安全气囊的材料必须具有良好的力学性能（强度大、相对密度小、良好的摩擦性能与耐磨性、弹性好、初始模量低、伸长率大）、透气性（不透气或微透气）、热学性能（高熔点、耐热、耐老化）和高热收缩性（气密性）及化学稳定性（耐老化）等。

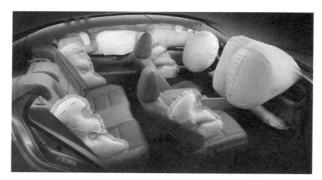

图 5-34　汽车安全气囊

根据气囊的使用要求，用作安全气囊织物的合适原料有聚酰胺纤维（锦纶）与聚酯纤维（涤纶）。气囊织物特别是涂层织物普遍使用的是高强聚酰胺纤维，尤其是聚酰胺 6 长丝。聚酰胺与聚酯相比，聚酰胺纤维具有初始模量低、长丝伸长率大、弹性好及热熔高等特点，使得聚酰胺织物在动态负荷下具有应力分布均匀、吸收能量大及抗冲击性能好等优点。此外，聚酰胺织物的柔软性、阻燃性也优于聚酯织物。

在非涂层气囊织物的开发中，聚酯纤维则应用更广。聚酯纤维因回潮率比聚酰胺低，有利于保持气密性。此外，聚酯长丝比聚酰胺长丝便宜，可降低成本。聚酯纤维还具有强度高、耐磨、易回收利用、保形性好等优点。除了聚酯纤维、聚酰胺纤维外，聚烯烃纤维、聚丙烯腈纤维、碳纤维、陶瓷纤维、玻璃纤维，甚至经适当处理的天然纤维也可用于气囊织物。

在安全气囊织物的织造过程中，密度是最重要的工艺参数。涂层织物的透气性与耐热性主要靠涂膜来实现，而强度与柔软性取决于经纬纱密度，但在满足织物强度的要求下，应尽量采取低密度以使织物柔软。非涂层织物的透气性主要靠高密度与后整理来实现。

5.5.3　安全带

汽车安全带（或称座椅安全带，见图 5-35），是为了在碰撞时对乘员进行约束，以及避免碰撞时乘员与方向盘及仪表板等发生二次碰撞，或避免碰撞时冲出车外导致死伤的安全装置。汽车安全带是公认的最廉价也是最有效的安全装置，很多国家强制性要求汽车装备安全带。

图 5-35　汽车安全带

安全带的织带需要具有良好的强度、延伸性、耐磨性、耐气候性及阻燃性等，在汽车的整个生命周期内持续使用而不会显著劣化。**低伸长型纤维**适用于前排驾驶员和副驾驶员所使用的织带，约束能力强；**高伸长型纤维**适用于后排乘员所使用的织带，可提供缓冲和适当地吸收能量。纤维原料一般选用抗拉强度较高、伸长率适中、不易变形的纤维原料，如**高强涤纶长丝**和**高强锦纶长丝**。织带主要以涤纶工业长丝为原料，其具有模量高、伸长率低、热性能好、尺寸稳定性好和成本适宜等特点。

安全带织带长 2.6 ~ 3.6m、宽约 46mm、厚 1.1 ~ 1.2mm。据估计，每辆车中约有总长度为 14m，质量约 0.8kg 的织带。通常，织带经向为 320 根 1100dtex 的纱线或 260 根 1670dtex 的纱线，采用斜纹或缎纹组织结构。相较捻丝而言，由于不加捻丝织造的织带密度高，织带的拉伸强度和撕裂强度得到提高，织带也更加柔软、光滑、易弯曲。美国和日本多采用不加捻丝来织造织带，而欧洲多采用捻丝织造。

市场上还出现了基于压力传感器原理的安全带系统、气囊式安全带、负泊松比效应的织带等。全球最大的汽车安全供应商瑞典 AUTOLIV（奥托立夫）开发了一种配备气囊的座椅安全带，使安全带和安全气囊的功能合二为一，并已装配于 Mercedes-Benz（梅赛德斯－奔驰）的 S 级轿车上。日产利用传感器开发了一种可根据碰撞严重程度调整对乘员的约束力的智能安全带。利用传感器和主动安全功能，安全带正在变得越来越"智能"。

第6章

功能纺织品的发展趋势

　　"十四五"发展时期，我国制造业以"**创新、智能、绿色、发展**"为发展主题（2020 年）[图 6-1（左）]。《**纺织行业"十四五"发展纲要**》（中国纺织工业联合会，2021 年 6 月 11 日）提到，"十四五"时期，我国纺织行业在基本实现纺织强国目标的基础上，立足新发展阶段、贯彻新发展理念、构建新发展格局，进一步推进行业"**科技、时尚、绿色**"的高质量发展[图 6-1（右）]，在新的起点确定纺织行业在整个国民经济中的新定位，即纺织业是"**国民经济与社会发展的支柱产业、解决民生与美化生活的基础产业、国际合作与融合发展的优势产业**"。

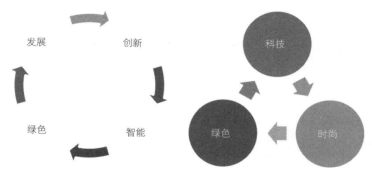

图 6-1　制造业（左）与纺织业（右）的发展主题

　　在基础性消费品领域，"人民日益增长的美好生活需要"在纺织服装行业的主要表现是消费升级与需求变化：对"**科技含量、时尚风格和绿色环保**"的消费需求日益增长。与此同时，功能性纺织品已深入到家居、装饰、医疗、环保、农业、建筑、地质、交通、包装、休闲、防护等各个领域。人们对功能纺织品的功能性要求也越来越高，不再局限于单一功能，而是趋向**多功能、高功能、复合功能、智能化**的方向发展，能够满足各种需求，个性化、高端化的功能纺织品已成为行业高品质发展的主流趋势。功能纤维和功能整理技术也成为实现纺织品多样化功能的创新方式，并逐渐成为业界焦点。

6.1　功能创新与智能化

6.1.1　功能创新

高性能、多功能和智能化已成为功能纺织品的发展方向，体现在以人为本的研究开发指导思想，在功能创新与智能化上注重安全、舒适、保健、便捷和低碳等，主要表现在以下几个方面。

第一，**运动休闲**方面，强调舒适性，包括超柔软、弹性、吸湿散热等。通过赋予日常运动服吸湿散热功能，提升穿着者的舒适感；或给予运动鞋超柔软、弹性、透气的功能，使穿着者有更佳的穿着和运动体感。

第二，**气候适应功能**，包括温度保持、防水透湿、防风拒水等。具备气候适应功能的纺织品有助于人们应对气候和天气变化。高温工作环境下的人们需要一种具有保持凉爽功能的服装等，比如一款**石墨烯液冷服**利用了石墨烯的散热性能，使穿着者在炎热天气下可体验到瞬间凉爽，而且还能长时间保持清爽低温，仿佛将"空调"穿在身上（图6-2）。

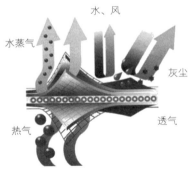

图6-2　石墨烯液冷服（左）与气候适应功能示意图（右）

第三，**卫生保洁保健功能**，包括保健、除尘、除污、抗菌、芳香等。比如医护用具需具备抗菌、保洁、防污等功能，家居纺织品如床上用品、挂帷类、餐厨类、室内外装饰等需具备阻燃、遮光、隔热、防蛀、防污、防水、保暖、保健等功能。这些产品着重于系列化、配套化、艺术化和功能化发展。而更多的新型健康型后整理技术得到应用，比如精氨酸整理、维生素整理、保湿整理、丝蛋白整理、调温功能整理、凉感抗菌整理、艾蒿整理、有机锗整理、木醋整理、绿茶整理、负离子功能整理、光触媒（光催化）功能整理、红外保暖整理以及防紫外线整理等。

第四，**防护功能**，包括抗静电、防火、隔热、介质防护、射线防护等专业防护功能。各种已知的以及未知危险源的工作环境下的服装需具备相应的防护功能以保证人身安全，对功能纺织品开发提出了新的要求。

6.1.2　智能化及可穿戴

基于社会发展需要，智能制造技术催生了新材料、新技术、新产品和新应用等深度融合。与此同时，功能纺织品的智能化将纺织技术与电子、医学、计算机、物理、化学等多学科交叉融合（图6-3），使纺织品成为智能可穿戴技术的有效载体，并拓展了功能纺织品、智能纺织品在可穿戴、家居装饰等领域的应用。

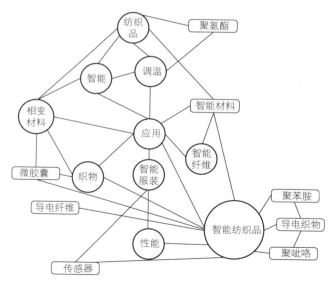

图6-3　智能纺织品与相关技术、应用方向联系图

　　智能纺织品，从技术方面理解，它比功能纺织品要高一个层次，即是具备**智能化的功能纺织品**，是指具有显著感知和判断力、能感应外部条件并改变其性质或性能并表现为一定功能的纺织品，更加适合应用于人体可穿戴设备（图6-4）。智能纺织品主要包括智能调温纺织品、智能形状记忆纺织品、智能防水透湿纺织品、智能变色纺织品、电子信息智能纺织品等，主要应用在**智能监控（监察）**、**柔性可穿戴设备和智能医护**等方面。

图6-4　不同功能的柔性可穿戴智能纺织品应用于人体不同部位
（a）心率监测；（b）电子键盘；（c）动作识别；（d）触觉传感阵列；
（e）压力监测；（f）智能鞋底；（g）～（j）能量收集；（k）风向传感器；
（l）电子皮肤；（m）脉搏监测；（n）智能义肢；（o）运动跟踪；（p）计步；
（q）睡眠监测；（r）下降监测

　　智能调温纺织材料是利用相变材料在一定温度范围内依靠自身可逆相变从环境中吸收或释放潜在热量的特性，赋予纺织品智能控温和保健性能。当外界环境温度升高时，相变材料吸热熔融、储存热量；当外界温度下降时，相变材料放热冷凝、释放热量，使纺织品内部温度保持相对稳定。

智能形状记忆纺织品是一种在温度、机械力、光、pH 值等外界条件下，具有形状记忆、高形变恢复、良好的抗振和适应性等优异性能的纺织品。例如意大利 CorpoNove 公司的一款"懒人衬衫"（2018 年），面料里加入镍、钛和尼龙，具有形状记忆的特性。当外界气温偏高时，该衬衫袖子可在几秒内自动从手腕卷到肘部；当温度降低时，袖子能自动复原。

利用光、热、电、力致变色材料可制作**智能变色纺织品**，其随着外界环境条件（如光、温度、压力等）的变化可以显示不同色泽。智能变色纺织品凭借此独特性能，广泛应用于各个领域，如时尚的变色服装、百变的装饰织物；军事方面可用于军事伪装；防伪领域的票据、证件和商标等防伪材料等。

电子信息智能纺织品是将一些电子元器件嵌入或粘贴至纺织品，实现纺织材料通信、自发电蓄能以及对人体信号的实时检测等功能，制备出电子皮肤、发光衣服（图 6-5）、可穿戴的计算机等。随着电子信息技术与纺织技术深入融合，电子信息智能纺织品将从军事、航空领域向生活领域拓展，给人们生活带来更多便利。

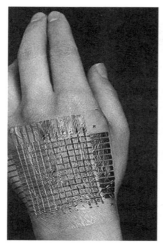 

图 6-5　电子皮肤与发光衣服

　　智能纺织品可应用于民用，也可应用于产业如军用，未来有巨大的发展空间。典型的民用智能可穿戴纺织品如图 6-6 所示，典型的军用智能可穿戴纺织品如美军单兵装备（图 6-7）。特别是随着现代战争朝着信息化、智能化、无人化发展，作战服等**防护类纺织品及装备**朝着轻量化、智能化、舒适化、多功能化的方向发展。

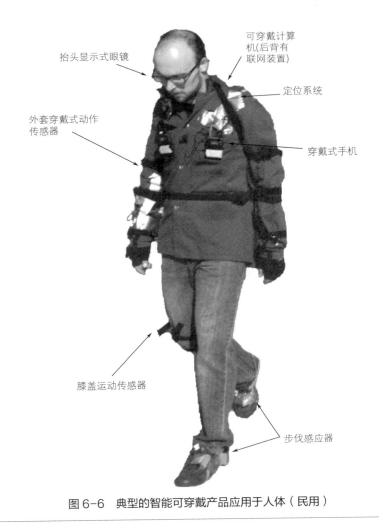

图 6-6　典型的智能可穿戴产品应用于人体（民用）

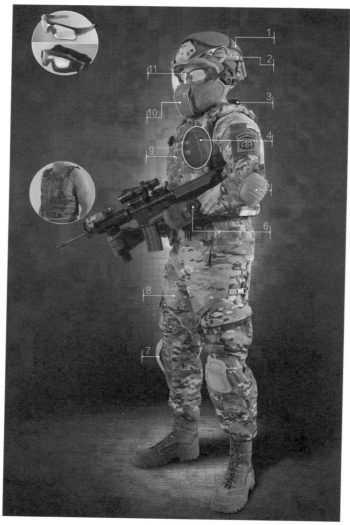

图6-7 美军智能可穿戴单兵装备（军用）

1—模块化防弹头盔；2—头部集成保护系统；3—爆炸监测装置；4—带防弹和智能感应的躯干保护器；5—内装肘垫的作战衬衣；6—生理状态监视器；7—内置护膝的作战裤；8—防护外衣；9—带智能传感器的躯干和四肢保护装置（下面隐藏有背心）；10—颌面保护系统；11—过度作战眼睛保护

6.2　时尚与人文

6.2.1　功能与运动时尚

消费者在关注产品价格、品质的同时，逐渐注重消费体验与文化表达，市场对服务化、定制化、娱乐化的需求成为趋势。因此，功能纺织品的开发和生产更加注重科技与时尚的结合，关注流行趋势，运用色彩、纹样、款式等设计元素以及面料的特性创新，实现**功能、舒适、时尚**紧密结合。

比如，时尚设计的瑜伽服等运动休闲服装（图6-8），不仅满足了人们运动健身的舒适体验，还适合日常穿衣和休闲活动，使得运动类功能性服装颇受欢迎。运动功能性服装时尚体现在其面料的色彩搭配、图案以及款式的多种多样，同时还可具备抗菌防臭性、防污、抗皱、抗起球、吸湿透气等多方面的功能。

图6-8　瑜伽服装以及运动服装

功能性纺织品的时尚化，即在设计的过程中注意研发独特功能兼具时装化、具有品质感的时尚功能纺织品，比如时尚服装兼具功能性，在羽绒服、防晒服、外套等功能性产品以及日常生活中的裤装、裙装、衬衫等服装均有体现。功能纺织品与时尚结合，体现了人们对舒适便捷生活方式的追求和自身健康与安全保护的需求，已逐渐成为时代发展的宠儿。

6.2.2 功能与人文需求

功能性纺织服装将多元文化元素与款式、色彩等流行趋势相结合，丰富了纺织品的应用场景，其观赏性提高，使穿着者心情愉悦，满足人们的精神需求。

图6-9 色彩鲜明的滑雪服与消防服

多样化、多元化的色彩与风格使功能纺织品不再局限于功能的强弱，更加重视其美观以及增多可选择的款式。例如运动装的色彩有提高安全性和辨别性别的作用，滑雪服运用鲜艳配色与洁白的雪地形成对比［图6-9（左）］，起到美感装饰作用之外，还有明显的标志作用，能够在安全救援时易于被发现。与此同时，功能性服装可按照**人体力学**、**人体工学**结合色彩搭配进行设计，使其更加实用、美观，常见的有消防服［图

6-9（右）]、高压电线维修人员所穿着的绝缘服装、军人所穿戴的防弹衣、防生化服、交警所穿戴的反光服等。

6.3　绿色纺织技术与可持续发展

6.3.1　生态（绿色）纺织技术

在纺织、印染和服装行业向数字化、智能化、自动化转型升级的背景下，生态（绿色）生产（环保、可回收、可持续发展）是企业发展必经之路。功能性纺织品的绿色生产技术，包括运用环保纤维材料、生产过程的清洁化与节能减排（污染少、能耗低）、纺织品的可回收与再利用等。

① **环保（生态）纤维**的应用，如图 6-10 所示。生态纤维是从自然界的生物中提取，经过加工后形成的可降解的纤维，对自然界没有污染。常见的生态纤维如木浆纤维、莫代尔纤维、丽赛纤维、大豆纤维、牛奶丝纤维等再生纤维，纤维吸湿量高达 13%～15%，比棉纤维高出 6%～7%，手感柔软、丰满、滑爽，具有优良的悬垂性和蚕丝般的光泽，热稳定性和光稳定性高，不起静电，成为市场上颇受欢迎的新型纤维。**可自然降解的可循环自然混纺物**包含棉花、木棉、亚麻、羊毛等多种纤

生物基合成纤维
来自淀粉、糖和从玉米、甘蔗、甜菜及植物油中分离出来的油脂，可以100%或部分使用生物基

天然纤维
自然界的天然材料、除棉、毛、丝、麻，还有树木、大豆、玉米、牛奶纤维等

可降解可循环纤维
棉花、木棉、亚麻、羊毛等纤维，以及海藻纤维、菠萝纤维、桑皮纤维等

纤维素再生纤维
木浆纤维、莫代尔纤维、丽赛纤维、大豆纤维、牛奶丝纤维等天然纤维素再生纤维

生态纤维

01　02　03　04

图 6-10　环保（生态）纤维

维品类，以及海藻纤维、菠萝纤维、桑皮纤维等。**生物基尼龙和聚酯纤维**来自淀粉、糖，以及从玉米、甘蔗、甜菜和植物油中分离出来的油脂，可以 100% 或部分使用生物基。生物合成纤维有潜能比化石燃料产品产生更少的温室气体，转化成生物基材料对工业和社会十分有益。

② **生态（绿色）技术的运用与节能减排**。如超临界二氧化碳染色技术、喷墨印花技术等多种绿色技术，可节约物质资源和能量资源，减少废弃物和环境有害物排放，从能源生产到消费的各个环节，降低消耗、减少损失和污染物排放、制止浪费，有效、合理地利用能源。超临界二氧化碳染色技术是以液态 CO_2 作为染色工艺的介质，无毒、化学性质稳定、不易燃烧并且廉价易得。喷墨印花技术是一种全新的印花方式，摒弃了传统印花需要制版的复杂环节，直接在织物上喷印，提高了印花的精度，实现了小批量、多品种、多花色印花，解决了传统印花占地面积大、污染严重等问题，发展前景广阔。

③ **可回收与再利用**。目前许多合成环保功能性纤维可回收再造，包括可持续聚丙烯纤维、可循环尼龙、可循环聚酯纤维、可循环自然混纺物、生物基尼龙和聚酯纤维、生物可降解尼龙和聚酯纤维等环保功能性纤维。比如，**回收尼龙**是由废弃尼龙纱线、再造原料、渔网、纤维废料、地毯、工业塑料或旧轮胎等制成。**回收聚酯纤维**是由海洋塑料垃圾、回收咖啡渣、家庭和商业回收塑料、聚酯纤维废料、废弃纱线和服装、废弃纤维、旧织物以及织物链中的工业废料制成。

6.3.2　健康（保健）功能纺织品

在大健康发展环境下，健康产业以及医疗卫生保健用的功能纺织品得到了蓬勃发展，健康（保健）纺织品是功能纺织品的发展方向之一。**健康（保健）功能纺织品**是不以治疗为目的（非医疗类），但保健功能明确的，具有改善和调节身体机能，能降低疾病发生风险、维护和促进人体健康，对人体不产生毒副作用的保健功能纺织品。

广义上，健康（保健）纺织品包括了医疗卫生用纺织品和非医疗保健用纺织品。整个健康纺织产业是一种融合了健康科技、健康管理、健康服务与传统纺织品设计、研发、生产、销售和服务为一体形成的新兴纺织产品业态。健康（保健）功能纺织品包括但不限于前面第 4 章介绍的品种，可按其功能属性分为**生态舒适功能**、**安全防护功能**、**智能监测**和**保健护理功能**等，对应应用于舒适穿着、安全防护、智能穿戴和医卫保健等方面（图 6-11）。

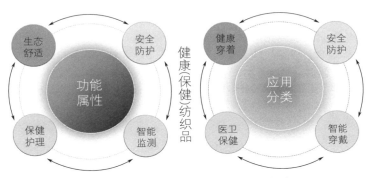

图 6-11　健康（保健）纺织品的功能性与应用

　　健康（保健）纺织品实质上也是生态纺织品，符合 GB 18401—2010《**国家纺织产品基本安全技术规范**》和 GB/T 18885—2020《**生态纺织品技术要求**》的相关规定，能有效控制物质选择性透通（如气、水汽、细菌、病毒、生化毒物等）或有效控制能量透通（如热、光、声、电、冲击、高能辐射）起防护作用或功能，或者施加功能物质赋予纺织品保健和医疗功能。

　　特别是为适应健康（保健）纺织品的发展需要，先进功能性纤维新材料将会得到更大发展。基于材料、信息、机械、生物等学科的技术突破与交叉融合，先进功能性纤维新材料强调功能创新、强化与复合，具有高性能、多功能、智能等特性，更加适用于健康（保健）纺织品的生产，不但可用于舒适健康、医卫保健和安全防护功能纺织品，也可用于智能可穿戴产品，并应用于各种产业领域。

参考文献

［1］ 中国纺织信息中心，国家纺织产品开发中心. 2019 中国纺织产品开发报告 产品开发篇. 2019.07.

［2］ 张大省，周静宜，付中玉，等. 图解纤维材料［M］. 北京：中国纺织出版社，2015.08.

［3］ 顾振亚，陈莉，等. 智能纺织品设计与应用［M］. 北京：化学工业出版社，2016.01.

［4］ 宗亚宁，张海霞. 纺织材料学（2 版）［M］. 上海：东华大学出版社，2013.06.

［5］ 商成杰. 功能纺织品（2 版）［M］. 北京：中国纺织出版社，2018.01.

［6］ 商成杰. 高科技纺织品与健康［M］. 北京：中国纺织出版社，2018.03.

［7］ 姜怀. 功能纺织品开发与应用［M］. 北京：化学工业出版社，2013.01.

［8］ 姜怀. 智能纺织品开发与应用［M］. 北京：化学工业出版社，2013.01.

［9］ 朱平. 功能纤维及功能纺织品（2 版）［M］. 北京：中国纺织出版社，2016.04.

［10］ 辛斌杰. 功能纺织品开发及加工技术［M］. 北京：中国纺织出版社，2021.02.

［11］ 王璐，金马汀（M.W.KING），等. 生物医用纺织品［M］. 北京：中国纺织出版社，2011.11.

［12］ 纺织工业标准化研究所. 功能纺织品检测与评价方法的研究［M］. 北京：中国质检出版社／中国标准出版社，2014.11.

［13］ 党敏. 功能性纺织产品性能评价及检测［M］. 北京：中国纺织出版社，2019.11.

［14］ 吴坚. 纺织品功能性设计［M］. 北京：中国纺织出版社，2007.01.

［15］ 张海霞，孔繁荣，贾琳，等. 纺织品检测技术［M］. 上海：东华大学出版社，2021.05.

［16］ 姚鼎山. 远红外保健纺织品［M］. 上海：中国纺织大学出版社，1996.01.

［17］ 中国军事后勤百科全书编审委员会. 中国军事后勤百科全书：军需勤务卷［M］. 北京：金盾出版社，2002.08.

［18］赵荟菁. 生物医用非织造材料［M］. 北京：中国纺织出版社，2021.5.

［19］乔治·凯利. 先进非织造材料［M］. 刘宇清，译. 北京：中国纺织出版社，2021.1.

［20］A.Richard Horrocks and Subhash C.An. Hand book of Technical Textiles（Volume2：Technical Textile Application）［M］. Woodhead Publishing inassociation with The Textile Institute，2016.

［21］TündeKirstein.Multidisciplinaryknow－howforsmart－textilesdevelopers［M］. Woodhead Publishing in association with The Textile Institute，2013.

［22］鲍丽华. 防水透湿层压织物的性能研究与开发［D］.北京服装学院，2010.

［23］刘旭华，苗锦雷，曲丽君，等. 用于可穿戴智能纺织品的复合导电纤维研究进展［J］.复合材料学报，2021，38（1）：67-83.

［24］刘建，蒋欢. 功能纺织品的评价和标识［J］.中国纤检，2018，（9）：137-140.

［25］黄千容，杨家芳. 户外智能纺织品研究——以户外帐篷为例［J］.武汉纺织大学学报，2016，29（05）：36-39.

［26］周颖颖，陈奕宁，张一，等. 功能型睡袋服装的开发与设计［J］.纺织科技进展，2018，（07）：15-20.

［27］廖选亭，马小强. 防水透湿纺织品技术研究现状［J］.染整技术，2011，220（08）：1-4+6.

［28］成悦，胡颖捷，付译鋆，等. 抗菌止血非织造弹性绷带的制备及其性能［J］.纺织学报，2022，43（03）：31-37.

［29］孟昭刚，张子璇. 医用功能性敷料的研究进展［J］.解放军预防医学杂志，2020，38（03）：88-89+93.

［30］武德珍，韩恩林，于文骁，等. 一种碳纤维/聚酰亚胺纤维混杂织物作为增强主体的复合材料及其制备方法［P］.江苏省：CN107793700B，2019-11-26.

［31］马晓荣. 漫话防弹衣（二）［J］.中国军转民，2019，28（04）：57-60.

［32］刘影，万玥，关国平，等. 功能纺织材料在单兵装备中的应用及研究进展［J］.医疗卫生装备，2021，329（11）：83-91.

［33］顾浩，高旭，方娟娟，等.军用纺织品伪装功能整理应用技术概述［J］.纺织导报，2018（01）：50-54.

［34］赵喜求，张乃艳，李泳升，等. 自适应伪装材料在军用服饰产品的

设计应用研究［J］．包装工程，2021，448（10）：19-25.

［35］叶青．突破技术壁垒国产"棉纱"进军神外手术止血材料蓝海［N］．科技日报，2021-10-20（008）.

［36］滕翠青，余木火．纺织品在农业上的应用和发展［J］．产业用纺织品，2002（04）：30-34.

［37］王国和．农业用纺织品［J］．江苏丝绸，2000（02）：38-43.

［38］李全明，王崇礴，王浩．产业用纺织品在农业上的应用［J］．产业用纺织品，2002（09）：34-36.

［39］纺织导报．吸湿快干纺织品的开发及应用（下）［EB/OL］．http：//www.texleader.com.cn/article/31480.html.

［40］抗菌纺织品［EB/OL］．http：//texfunction.com/fangzhipin50.html.

［41］耿亮，姚海伟，蓝海啸．抗菌防臭纺织品［J］．陕西纺织，2006（02）：43-44.

［42］董红霞．抗菌≠消臭［EB/OL］．https：//www.sohu.com/a/239075196_527026.

［43］普丹丹．磁疗功能保健纺织品及其开发现状［J］．纺织科技进展，2011（03）：33-35.

［44］孙颖，林芳兵，王曰转，等．防虫驱蚊纺织品的研究进展［J］．毛纺科技，2015，43（7）：66-71.

［45］叶早萍．纺织品防臭整理［J］．印染，2008，21：48-51.

［46］负离子纺织品的检测和评价标准［EB/OL］．https：//www.sohu.com/a/134603617_660740.

［47］王玲玲，李亚滨．负离子功能保健纤维及其纺织品［J］．纺织科技进展，2010（06）：11-14.

［48］吴波伟，黄顺伟．远红外纺织品的制备与应用［J］．产业用纺织品，2018，36（01）：35-39.

［49］商成杰，李君文．防螨抗菌整理织物的研究与应用［EB/OL］．http：//www.jlsun.com.cn/a/jszx/jslw/2020/0918/41.html.

［50］黄蓉，刘若华．两种防螨织物测试标准比较探讨［J］．中国纤检，2012，20：44-46.

［51］香味纺织品［EB/OL］．http：//www.texfunction.com/fangzhipin59.html.

［52］王兴福，孙丽华．纺织品的香味整理［C］．第八届功能性纺织品及纳米技术研讨会论文集.2008：275-278.

编著者简介

　　黄美林，男，五邑大学纺织材料与工程学院教师，博士、高级实验师、副教授、中国纺织工程学会高级会员，广东省纺织新材料及产品协同创新工程技术研究中心、广东省功能性纤维与纺织品工程技术研究中心研究员。曾任实验室主任、系主任、江门市纺织工程学会副秘书长（2012—2020）；曾赴美国加州州立大学富立顿分校（CSU-Fullerton）访学。主要从事针织产品、功能纺织品、纳米纺织材料及结构色纺织品等方面的教学与科研。发表学术论文 24 篇和教研论文 10 多篇，*Scopus* 收录 12 篇（其中 SCI 收录 6 篇、EI 收录 2 篇），专利授权 2 项。

　　钱幺，男，中共党员，五邑大学纺织材料与工程学院博士、讲师，曾任实验室主任。2019 年毕业于天津工业大学纺织科学与工程专业。主要从事新型非织造加工技术与产品开发、非织造过滤材料等纺织材料与功能纺织品开发的教学与科研工作。发表论文 18 篇，申请发明专利 8 项，授权 3 项；主持和参与国家自然科学基金、省自然科学基金 5 项。承担多门纺织工程专业本科课程的教学，指导学生获得国家级、省级创新创业项目以及学科比赛获奖多项。

　　谢娟，女，中共党员，五邑大学纺织材料与工程学院博士、讲师、系主任、硕士生导师。东华大学－澳大利亚联邦科学与工业组织（CSIRO）联合培养博士，荣获澳大利亚西悉尼大学学生资助奖学金、宗平生针织基金会论文一等奖（2015）、国家留学基金委国家公派研究生奖学金（2014）。主要研究可穿戴柔性传感器研制与应用、智能健康监护服研制、功能性针织面料开发，承担多门纺织工程专业本科与研究生课程。主持及参与科研项目6项、教研教改项目15余项，发表SCI论文十几篇，申请发明专利多项。获五邑大学第十二届青年教师课堂讲课竞赛二等奖（2019）、"红绿蓝杯"第十一届中国高校纺织品设计大赛优秀指导教师、五邑大学优秀学业指导师，指导学生获得国家级创新创业项目。

夏继平，男，石狮市瑞鹰纺织科技有限公司总经理，硕士学位、五邑大学硕士生导师、中国纺织工程学会工程师、碳排放高级管理师、泉州市非公有制企业中级经济师、福建省纺织印染助剂制造行业协会会长、石狮市江西商会会长，中纺联绿色管理服务平台副理事长、中国染料工业协会团体标准化技术委员会委员、中国染料工业协会环境保护技术专业委员会委员、中国管理科学研究院行业发展研究所高级研究员、泉州上饶商会名誉会长、BSN 荷兰商学院华南区副会长。主要从事科研、生产、销售为一体的专业纺织印染助剂生产，申请及授权国家发明专利和实用新型专利共 35 项；在《中国纺织助剂》《印染助剂》《印染》《针织工业》《染整技术》等期刊上以第一作者发表论文 13 篇。其公司于 2021 年正式成为 bluesign（蓝标）合作伙伴。研究成果"棉及混纺针织物染色短工艺低成本流程"荣获中纺联合科技成果优秀奖（国家级），并于 2019、2020 年被列入第十三批和第十四批中国印染行业节能减排先进技术推荐目录。